SECRETS OF THE WORLD'S HEALTHIEST CHILDREN

真健康
日本孩子

把东京厨房搬回家

〔日〕森山奈保美
〔美〕威廉·道尔　著

有印良品　译

人民文学出版社
PEOPLE'S LITERATURE PUBLISHING HOUSE

著作权合同登记号　图字 01-2018-0855

Secrets of the World's Healthiest Children
Copyright © Naomi Moriyama and William Doyle 2015

图书在版编目(CIP)数据

把东京厨房搬回家.日本孩子真健康/(日)森山奈
保美,(美)威廉·道尔著;有印良品译.—北京:人
民文学出版社,2018
　(幸福关键词)
　ISBN 978-7-02-013147-1

　Ⅰ.①把…　Ⅱ.①森…　②威…　③有…　Ⅲ.①饮食-
文化-日本　Ⅳ.①TS971.231.3

中国版本图书馆 CIP 数据核字(2018)第 051886 号

责任编辑　朱卫净　张晓清
装帧设计　钱　珺

出版发行　人民文学出版社
社　　址　北京市朝内大街 166 号
邮政编码　100705
网　　址　http://www.rw-cn.com

印　　刷　山东临沂新华印刷物流集团有限责任公司
经　　销　全国新华书店等

开　　本　890 毫米×1240 毫米　1/32
印　　张　7
字　　数　156 千字
版　　次　2018 年 8 月北京第 1 版
印　　次　2018 年 8 月第 1 次印刷

书　　号　978-7-02-013147-1
定　　价　35.00 元

如有印装质量问题,请与本社图书销售中心调换。电话:010-65233595

目　录

关于作者

森山奈保美是《纽约时报》畅销书《把东京厨房搬回家：日本女人吃不胖》一书的联合作者，该书被华盛顿邮报誉为"美味的健康之路"，美国饮食协会称之为"基于健康的科学饮食计划，给出直接的饮食建议，很实用"。这本书被介绍翻译成 20 种文字，激起了"日式饮食"的狂潮，并且也是《华尔街日报》国际版年度最佳饮食书籍。

奈保美曾为拉夫·劳伦（日本）的首席市场顾问；纽约美国家庭影院频道（HBO，Home Box Office）的市场总监；（东京＆纽约）格雷广告对宝洁公司、卡夫通用食品公司的业务经理；而她的第一份工作，是东京迪士尼乐园的翻译。

她生在东京、长在东京，孩提时代的夏天通常都是在日本乡村——她祖父母家的山地农场度过的。她曾经是美国食品网络大热节目"铁人料理"的评委，并且是美国著名网络电视节目《今日秀》《看法》和《奥兹医生秀》的邀请嘉宾。

奈保美现与她 7 岁的儿子、先生威廉·道尔——也是本书的另一联合作者——一起生活在纽约。

威廉·道尔与奈保美合作撰写了《纽约时报》畅销书《把东京厨房搬回家：日本女人吃不胖》及《日本饮食》，他已经写过或与他人合作出版了 14 本书，同时也是纽约 HBO 的原创类节目导演，HBO、A&E 和 PBS 网络电视节目制片人。荣获 2015 ~ 2016 年度富布赖特学者奖。

致读者

免责声明：本出版物旨在为书中论述的主题提供有用信息。在本书出版销售之际，作者、出版商并未从事医疗、健康或其他任何形式的个人或专业相关服务。读者在采纳书中建议或由书中观点推出结论之前，应咨询自己的健康顾问或医生。

此书涵盖了各组别专家的意见，但每个孩子每个家庭都是不同的，与您孩子健康相关的问题需向真正符合资格的医疗专业人士（如医生，注册营养师或心理医生）咨询。

作者及出版商特此声明：对因使用本书内容而导致的直接、间接或后果性伤害、损失或风险不承担任何责任。

致　谢

　　感谢克劳迪娅·康纳和利特尔 & 布朗出版集团的吉利安·斯图尔特、我们的文学经纪人 WME 的梅尔·伯杰、我们的文字编辑扬·卡特勒和我们在美国和日本的家人。

　　我们也感谢以下审查及评论我们核心建议的医疗、科学和学术专家们：哈佛大学公共卫生学院医学博士、营养科主任沃尔特·威利特博士；伦敦大学学院和大奥蒙德街儿童医院名誉高级研究员露西·库克博士；悉尼大学副院长教授，医学博士，威斯米悉尼儿童医院临床儿科教授，悉尼大学公共卫生学系教授，体重管理服务的儿童健康顾问，韦斯特米德儿童医院儿科医生路易斯·鲍尔；医学博士，公共卫生硕士，美国预防医学会会员，美国内科医师学会会员，董事，耶鲁大学预防研究中心，耶鲁大学医学院格里芬医院临床教师，美国生活方式医学会主席，《儿童期肥胖》杂志主编大卫·L.卡茨博士；博伊德·温彭博士，医学博士，美国内科医师学会会员，奥克兰大学人口营养与全球健康学教授，墨尔本迪肯大学副主任；世卫组织预防肥胖合作中心艾尔弗雷德·迪金教授；琳恩·L.伯奇教授，博士；佐治亚大学食品和营养学威廉·P.比尔·弗拉特教授；渥太华大学约尼·伏里朵夫，医学博士、家庭医学助理教授，家庭医学和致力于减肥医学及非手术体重管理研究所创办人及执行官；罗斯玛丽·史丹顿博士，获澳洲OAM勋衔，理学士，营养/饮食荣誉博士，注册营养师；Fortis-C-DOC糖尿病、代谢性疾病和内分泌疾病中心主任，美国国家糖尿病、肥胖和胆固醇基金会董事，糖尿病与代谢性疾病，新德里糖尿病基金会（印度）安诺普·米斯拉教授；塞马·古拉蒂博士，营养学研究小组带头人，营养与代谢研究中心（C-NET），国家糖尿病、肥胖和胆固醇基金会（N-DOC），糖尿病基金会（印度）首席项目官员。

我们也感谢夏洛特·品特；扬乔·克雷格博士；肯尼斯·派科塔博士；康奈尔大学农业与生命科学学院艾伦·莱文特瑞女士；以及为本书的写作所采访的许多日本母亲们，其中包括：冈美津子（Mitsuko Oka），长谷川千慧（Chisato Hasegawa），埃丽卡桥本（Erika Hashimoto），林美里（Misato Hayashi），石川淳子（Jyunko Ishikawa），小松贵子（Takako Komatsu），园下美穗（Miho sonoshita），米田真纪（Maki Yoneta），吉野奈美子（Namiko Yoshino）。

父恩比山高，母恩比海深。

养儿方知父母恩。

孩子的品格父母最了解。

对孩子的纵容等于对孩子的放弃。

育苗要趁早。

3 岁定终身 (3 岁看老)。

饭吃八分饱，医生不用找。

世事难料。

人生如春梦一场。

——日本谚语

导　读

　　日本儿童赢得世界健康奥林匹克金奖。

　　听说乐土在很远很远的地方；只要想去，一日即达。

——日本诗歌

　　太平洋群岛上正发生着美妙的事情，数以百万的孩子斩获了全球健康的奥林匹克金奖。他们愿意和世界分享其改变生活的经验。

　　2012 年 12 月，由比尔及梅琳达·盖茨基金会资助的国际研究团队在世界顶级医学期刊《柳叶刀》(The Lancet)上发表了一项名为"全球疾病负担"(GBD)的健康调查结果。此一世界范围内的健康调查因最为详尽，且针对的健康及健康期望寿命分析涵盖的国家数量最多，从而也被称作"全球健康之奥林匹克"。

　　此研究团队综合了死亡率、疾病、风险因素及各项健康指标，以预期的健康期望寿命(HALE, healthy life expectancy)为基础在全球 187 个国家展开调研，最终获得了这份特定时间点的排名。据"全球疾病负担"研究员、华盛顿大学全球卫生系副教授王海东称，健康期望寿命(HALE)估算的是一个孩子从出生所在的国家在完全健康状态下生存的平均年数，HALE 考虑了如下因素：各年龄段所属的死亡率及发病率，但此估算不包括因疾病、住院或因受伤而处于"非完全健康状态"下生存的年数。

全球范围内的肥胖症正在吞噬众多的孩子，破坏他们的健康，缩短他们的寿命及引发其未来可能患上的各种各样疾病，《柳叶刀》的研究正好为此提供了希望之光。

此研究显示，全球范围内男性及女性的健康期望寿命最长的国度是日本，且日本比列第二位的国家健康期望寿命要多两年。

据此研究显示，如果你是今天出生在日本的一个孩子，你将预期比世界上任何一个国家的孩子都活得长久和健康。你将会拥有一个相对最快乐、最长寿的人生。

那英国在排名中表现如何呢？连前 20 名都排不上，列第 23 位，仅仅领先于智利和葡萄牙。以下为"全球健康长寿奥林匹克"的结果：

健康期望寿命最长的国家（男性及女性）：

国　　家	全球排名
日　　本	1
新加坡	2
西班牙	3
瑞　　士	4
安道尔	5
韩　　国	6
意大利	7
澳大利亚	8
以色列	9
瑞　　典	10
加拿大	11
法　　国	13

续表

国 家	全球排名
新西兰	14
奥地利	15
荷 兰	16
德 国	17
哥斯达黎加	18
冰 岛	19
塞浦路斯	20
马耳他	21
希 腊	22
英 国	23
智 利	24
葡萄牙	25

排名靠后的国家还有：

美 国	32
中 国	34
科威特	51
阿联酋	59
沙特阿拉伯	60
朝 鲜	92
印度尼西亚	93
俄 国	104
埃 及	112
巴基斯坦	133
印 度	134
南 非	159
索马里	175
阿富汗	176
海 地	187（最低）

原始资料：1990～2010年187个国家及地区的健康预期寿命（HALE）：2010全球疾病负担研究的系统性分析——《柳叶刀》2012年12月15日至2013年1月4日。健康预期寿命（HALE）是在一特定时间点，综合各健康因素及死亡率，针对新生儿的一份健康预期寿命的排名。

本书由威廉及森山奈保美合作编著，以奈保美的口吻贯串全书。

日本健康的生活方式

这是一本关于日本健康生活方式的书：书中讲述了日本这个国家如何依赖其全民健康的食、行、思的模式摘取了全球健康长寿桂冠的，虽然这一全民模式在某种程度上是被大家偶然发现的。但不管怎样，日本的健康排名成绩与好几个发达国家相比，还是显得尤为突出和优异的。

这也是一本探索日本出生的孩子如何能在我们这个星球上活得最长、最健康原因的书。此番探索旨在为全球父母提供养育健康长寿孩子的相关经验教训。

我相信日本的模式可为生活在地球上任何一个角落的父母提供可立刻付诸行动的经验。

书中会探索为什么日本孩子是最健康的，其他国家可以从他们那里学到什么？

当然，毫无疑问，日本的孩子也同样面临着其他发达国家孩子一样的挑战：过多时间泡在电子屏幕前，不规律的饮食习惯，不健康的速食，来自学校及社会适得其反的压力，日益减少的自由玩耍及放松时间，以及愈发稀少的快乐阅读及探索大自然的时间。本书完全无意宣称日本的食物或日本育儿技巧在本质上如何比其他国家要强。尽管他们在生活的很多方面真的非常健康，但日本的饮食模式也不完美，在有些方面也渐渐朝西方不太健康的生活方式靠拢。尽管如此，专家们通常还是会把日本传统食物及传统的生活方式习惯排于全球最健康之列。近些年，日本开展了一项全国性的"食物教育"活动，此活动旨在扭转不良趋势，以期把全民带回一个更理想的饮食模式中来。

作为一个生长在纽约的 7 岁男孩的爸爸和妈妈，我们在育儿上也是新兵（菜鸟）一枚。我在日本出生，孩子的爸爸在纽约出生，为人父母的我们每一天都过得谦卑且充满敬畏——要学的东西太多，而育儿又没有固定的方便公式可资借鉴，再加上育儿过程本来就不那么完美，真心是一个不断随着家庭的成长演变的过程。

我们也并非要在书中鼓吹小孩子必须吃日本菜才能获得健康。可如果你选择了（选择权在您），很想开心地尝试一下，我们在本书的最后附上了几道有日式料理灵感的食谱供您参考。

最后一点，本书不是一本关于探讨情感、精神或者其他方面的健康书。"全球最健康小孩"这一说法可能多少把重心落在了"体格健康"上，虽说这有点儿武断，可我们觉得 2012 年《柳叶刀》发表的全球疾病负担研究结果恰恰把体格健康及健康长寿作为了衡量一个人综合健康的重要指标。

本书扼要

书中关于一个家庭怎么想、怎么食、怎么行的相关模式正好也体现在众多世界级幼童健康及营养专家的最新推荐中，举例来说，世卫全球饮食，体育活动，健康战略——预防儿童肥胖的推荐就包括如下内容[1]：

---

[1]　此书主要对象为 5 到 12 岁的孩子。如您需新生儿及幼儿的喂养指导，请参见世界卫生组织在附录三的推荐。

- 增加水果、蔬菜、豆类（豆类食物：豌豆，蚕豆和扁豆）、全麦类及坚果的摄入。

- 控制饱和脂肪酸中能量（卡路里）的摄入；脂肪摄入应从饱和脂肪换到不饱和脂肪。

- 控制糖的摄取量。

- 保持运动——每天至少保持与发育阶段相当的 60 分钟运动，运动时间可以累积计算，强度可为正常，中等或高强度。

以上推荐非常简单，但要实施起来可就不那么容易了。在撰写本书前我们收集了全球各类顶级医疗、科学及学术研究人员关于如何帮助孩子度过一个健康人生的各类观点，另外，威廉和我还采访了一组移居到纽约的有年幼孩子的日本母亲，收集了她们对孩子健康及饮食习惯非常新奇有趣的见解。

这些采访使 7 大秘密浮出水面，而我坚信这些秘密能帮助父母培养和提高他们孩子的健康，此内容会在书中第二部分介绍。

第一部分
我们如何解决这个世界性问题?

1.
孩子健康的"世界大战"

　　孩子们的世界危机四伏。全球范围内儿童健康问题都在受到侵扰，不光是传统意义上的罹患各种疾病、饥饿、愚昧、战乱和贫穷带来的祸患，还有现代文明所衍生出的新一波危害。

　　其中之一便是儿童肥胖。久坐不动的生活方式，不均衡的饮食习惯和此类生活方式引发的一系列相关疾病，往往造成的结果危及我们孩子的健康甚至会缩短孩子的寿命。

　　现实是严酷的，而这一严酷的现实也被世卫组织，及其英国、美国和全球范围内的医生、科学家及健康权威机构的报道所验证。世界医学期刊《柳叶刀》2014 年分析结果（此文章数据来自"全球疾病负担"研究结果）表明，1980 年至 2013 年间，全球范围内超重的比例及肥胖流行率在成年人口中增长了 27.5%，在孩子们中更高达 47%。此项研究指出，肥胖是影响所有地域、所有年龄群、所有收入群的问题。仅 2013 年，发达国家 22% 的男孩女孩都存在超重或肥胖的问题。据《柳叶刀》主笔吴玛丽称："在中低收入家庭中，小孩肥胖日渐增多的问题最为棘手。众所周知，儿童期肥胖会带来如下的健康风险：心血管疾病、糖尿病和各种类型的癌症。"

与超重相关的健康后果

世卫组织研究数据显示，儿童期超重或肥胖会使患如下健康问题的风险升高：哮喘、高血压、肌肉骨骼疾患、脂肪肝、胰岛素耐抗、Ⅱ型糖尿病及阻塞性睡眠窒息症。未来，此人群也会成为下列疾病的高危人群：Ⅱ型糖尿病、心血管疾病、某些种类的癌症、阻塞性肺病、精神健康问题及社会健康问题、生殖系统失调、未成年夭折及残疾等等。

"人们对什么是正常的看法已经发生了改变，超重较之以前更为稀松平常了，"世卫组织官员苏珊娜·杰可布于2014年提道："我们不能让肥胖症伴随新的一代人成长，不能把它看成一种新的常态。缺乏运动，加之鼓励高脂肪、高盐、高糖的廉价方便食品文化是最致命的。"

越来越多的人在短期内闪电增肥，英国食品标准局前主席迪尔德丽·赫顿夫人几年前对《时代周刊》说："当你看见相当数量的病患人群，由于极差的饮食而导致健康问题或过早死于消化系统相关疾病时，我们真的必须做点儿什么了。要是你再看看儿童患肥胖症的数量和增长势头，令人细思极恐。"

我们的文化发展看起来反倒加速了肥胖症的进程。格拉茨大学及欧洲肥胖协会选举主席赫尔曼·托普莱克博士评论说："在今日社会中，许多儿童——事实上成人也不例外——不再锻炼他们的肌肉和官能，摒弃掉经典饮食文化中的'传统讲究'——反而被过量食物摄入的快餐文化等代替。"

肥胖危机是一场全球性的大灾难，也是公共健康领域里的一颗定时炸弹。此危机已波及传统上身材偏瘦的区域：地中海和亚洲各国，包括意大利、西班牙、印度和中国。事态恶变至如此，以至于不久前美国卫生局局长称肥胖症为"内在的恐慌"，说如果我们不采取行动，此困境的危害程度，"9·11 或者其他恐袭企图与之相比可谓小巫见大巫"。哈佛大学公共健康系梅尔·施坦普费尔博士接受《数字健康新闻》采访时说："肥胖症的迅速传播正席卷全国（美国），令人瞠目结舌。其中最困难的地方在于超重已渐渐变成了一件稀松平常的事情，人们看看自己的肚皮，再看看旁人的肚皮，认为自己不胖不瘦，可如果在这个国家是不胖不瘦，事实上你就已经大大超重了。"

在英国，据官方数据（2014 年 2 月《英国卫报》）显示，10 到 11 岁年龄组中，35% 的男孩及 32% 的女孩超重，这其中，20.7% 的男孩及 17.7% 的女孩为肥胖。伦敦心血管专家阿西姆·马尔霍特拉医生把肥胖症称作是"全球健康的头号敌人"，并补充提到生产垃圾食品的公司赞助各类体育赛事的广告，运动员代言含糖饮料广告，而这些广告播放和送达的目标人群正是社会中较弱势的群体，其中就包括孩子。

肥胖症及糖尿病在英国的兴起

英国在发达国家中肥胖症增长速度最快，男孩女孩的肥胖率均为全欧洲最高。据最新一项研究（2014 年 6 月《网上医学期刊》*BMJ Open* 刊登的"英国 2003 至 2011 年间，糖尿病前期的流行率"）表明，英国三分之一的人口徘徊在 II 型糖尿病的边缘，此人群因高血糖已被纳入糖尿病前期。"如果日益增多的前期糖尿病患者及糖尿病患者得不到控制，将会摧毁我们的卫生服务系统，"英国糖尿病协会首席执行官芭芭拉·杨指出，"目前国务卿有许多亟待解决的问题，如太多的人拥入医院的急诊室，而在特定的时间段里，在任何一家医院就诊的病人中，每 6 位就有一位罹患糖尿病，这样的情形对我们国家医疗服务系统（NHS）造成了巨大的压力，但事态只会愈演愈烈。"

非常具有讽刺意味的是，尽管英国国家医疗服务体系是孩子和家庭健康事务的主要联络核心，但该系统有一半的员工不是超重就是肥胖。据 2014 年《研究生医学期刊》马尔霍特拉医生及其同事发表的文章显示，英国医院也是廉价、高卡路里及缺乏营养的饮料及零食充斥的重灾区。他们在文章中写道："医院过道上的售卖机出售给病人及医护人员的全都是糖果、炸薯片和含糖饮料，甚至给卧床病患售货的小推车上装的也都是这些东西。另外，很多医院在院区还设有知名的快餐连锁店，当然正因为有此类售卖机，快餐店在医院的存在使得人们对这类食品的接受及消费变得合理化。"

据盖茨黑德 NHS 信托基金会的儿科糖尿病专家凯瑟琳·布朗医生称："II 型糖尿病不仅是成人的疾病，在过去两年中，我们已经发现青少年患此疾病的人数也在不断增加，最主要的原因正是拜体重严重超标所赐。"她还补充道："糖尿病会使刚成年的人群罹患肾衰竭及眼部疾患的风险大大增加。因此如果不想看到局面越变越糟，我们应该鼓励人们行动起来，帮助他们吃得更健康。"

社会中体育运动的消失

据 2014 年 5 月的《时代周刊》报道，苏格兰的孩子是全球最缺乏运动的孩子。大多数苏格兰男孩每天花在电脑游戏和电视机前的时间超过 4 个小时。另外，7 名苏格兰孩子中只有 1 名每天吃超过 5 种水果及蔬菜。威尔士官方数据显示，在英国，16 岁以下青少年中有大约 35% 的孩子超重或肥胖。

沃尔福森预防医学研究所（Wolfson Institute of Preventive Medicine）心血管内科学、伦敦玛丽女王大学（Queen Mary University of London）的巴特和伦敦医学及牙科学校（Barts and The London School of Medicine and Dentistry）教授格雷厄姆·迈克格里格告诉我们："英国及美国食品行业所打造的那些聪明绝伦的商业广告（通常这些广告背后都是由前烟草公司的管理层来运作的）很难让父母说服孩子吃得健康，再加上来自同龄孩子的同伴压力，更是难上加难。"

社区活动范围缩小

都柏林大学（University College Dublin）咪咪·塔特劳-戈登（Mimi Tatlow-Golden）博士指出："在爱尔兰，3 至 5 岁的小孩一年中会看将近 1000 个不健康食品的广告。"联合国儿童基金会（UNICEF）的报告也显示，爱尔兰 11 岁、13 岁和 15 岁的孩子，有四分之三每天参加中到高强度活动的时间不足 1 个小时。"在爱尔兰成长"（Growing up in Ireland）的报道也表明，虽然看电视和损害健康之间有相当关联，可爱尔兰 45% 的 9 岁孩子的卧室里仍摆放着电视机。

全球性的问题

美国是肥胖问题最严重的国家，英国紧随其后。据 2014 年 1 月新英格兰医学期刊（*The New England Journal of Medicine*）名为"美国儿童肥胖发生率"的文章报道，儿童肥胖是美国的一大健康问题。美国疾病控制中心（The US Centers for Disease Control）的报道表明 6 至 11 岁年龄段孩子的肥胖率从 1980 年的 7% 飙升至 2012 年的 18%，同样，12 至 19 岁的年龄段的肥胖比例在同期也从 5% 上升到 21%。

包括英国在内的几个发达国家，攀升的儿童肥胖率总算不再继续攀升了，可这个比例还是处在一个惊人的高度。以澳大利亚为例，2010 年 1 月的《国际肥胖期刊》（*International Journal of Obesity*）一篇名为"1985 至 2008 澳大利亚儿童超重及肥胖的流行趋势"文章显示，肥胖停滞期已经出现，或只稍有升高，男孩女孩超重或肥胖的比例在过去十年几乎没有发生任何改变，男孩女孩的超重及肥胖流行率（综合的）也停滞在 25% 多一点。

儿童期肥胖症目前已蔓延到波斯湾国家。2013 年 6 月，阿布扎比媒体公司（Abu Dhabi Media）报道有 20% 的年轻人属于肥胖，14% 的超重。

在中国，本地快餐及麦当劳、肯德基、必胜客这样的西方快餐如雨后春笋般出现，紧随其后的问题就是攀升的儿童肥胖率。未来几年，麦当劳计划在中国开店的数量由现在的 1100 家扩展到 2000 家。2014 年 7 月的《中国日报》预估，23% 的 20 岁以下中国年轻男性及 14% 的年轻女性为超重或肥胖。

印度儿童肥胖危机的演变更为惊人，饮食习惯的改变及运动的缺乏已经在年轻人身上播种下恶果。

在印度这个国家，孩子们摄取越来越少的传统印度菜，而不健康的含高卡路里、盐、添加糖的西式快餐及加工食品却大行其道。Fortis-C-DOC 糖尿病，代谢性疾病及内分泌医疗中心（Fortis-C-DOC Centre of Excellence for Diabetes，Metabolic Disease and Endocrinology）主席阿诺普·米斯拉（Anoop Misra）医生也提到，由于生活方式的改变，糖尿病肥胖综合征（diabesity）已成了印度的大问题。

> 印度人口正在经历一场饮食习惯的转变。抛掉传统膳食，人们开始选择加工食品或者快餐式的家庭菜式。高能量（高卡路里）食物的摄入加上缺乏运动导致越来越多人患上肥胖及糖尿病。

印度某些专家认为问题还出在过度喂养孩子的饮食文化上。正如退休儿科医生 R.D. 波尔答在 2013 年 10 月 26 日的新闻网站 Mid Day 中指出："在印度，人们痴迷于喂养胖娃娃，因此从婴儿时期开始，父母就立志要把孩子喂得肥肥胖胖。加之当今这个时代，孩子已经完全习惯于学校里及大街上的垃圾食品，体重上升就更轻而易举。"

减肥手术外科医生沙善沙阿（Shashank Shah）也注意到，父母在这方面欠缺意识，他告诉 Mid Day：

父母时常带他们的孩子外出吃比萨和其他垃圾食品。吃完这些垃圾食品后，参加体育运动的机会就几乎没有了。孩子们通常会把时间花在电脑和游戏上。开阔地也消失得很快，现在，几乎没有给孩子玩耍的空间了。我已经遇到了好多这种情况的年轻人——他们肥胖或者体重超标，到 25 岁时已经是糖尿病患者，很多到 40 岁就患有严重的心脏疾病。

儿科医生帕拉查特吉（Pallab Chatterjee）在与《印度斯坦时报》（*Hindustan Times*）的访谈中谈道："有时候，甚至有不满两岁的孩子也'黏'在电视机前，根据国际通用原则，这样的作息习惯绝非正常。对于两岁以上的孩子来说，每天看电视的时间应该控制在 2 个小时以内。"据阿波罗医院（Apollo Hospital）生活方式顾问阿皮塔阿迪卡里（Arpita Adhikary）观察，那些死死黏在电子产品（笔记本电脑，平板电脑）上的孩子，长大后就不愿意走出去在真实的世界中活动及玩耍。

2014 年英国经济事务研究所（Institute of Economic Affairs）自由市场智囊团发表了一篇名为《大大的谎言》（此处也可直译《肥胖的谎言》——*The Fat Lie*）的反向报道。此篇报道的数据来源于英国环境食品与乡村事务部（Department for Environment, Food and Rural Affairs）。其数据研究称，近几十年人均糖、盐、脂肪及卡路里的消耗量一直有所下降，而肥胖率的增高主要是因为在家庭、公司里运动量减少，而并不是糖、脂肪及卡路里摄入增多。对此报道持批判意见的一方指出，事务部的数据完全来自受访消费者的自主报道，这样的数据来源可能不准确且带有误导。可不管怎么说，缺乏运动都极有可能是造成成年人及孩子肥胖危机的一个关键因素。

起因是什么？

为什么全球有那么多小孩肥胖？是因为不良饮食还是缺乏运动？

问题似乎出在食物摄取质量及数量的严重不均衡，而这种不均衡又和我们的生活方式相关，最终营造出一个导致肥胖及提倡肥胖的社会环境。根据肥胖症及孩子健康问题的专家理论研究，我们的孩子及家庭：

- 摄入的卡路里比消耗的多，卡路里摄入量不均衡。
- 缺乏运动，日常生活中久坐的时间越来越长，如：看电视的时间变长，不运动的时候，时间通常消耗在电子产品上。
- 吃更多超大分量的快餐。
- 近几十年进食量的分量增大。
- 吃更多不健康的外卖及快餐。
- 吃更多加工食品，碳水化合物以及膳食纤维摄入减少。
- 过度暴露在众多错误营养选择的环境中（学校及社交场合）。
- 喝太多含糖碳酸饮料。
- 没有兴趣、时间和技能为我们自己及家人做健康餐。
- 给新生儿及孩子吃太多高卡路里、高脂肪、高糖、高盐的食物。
- 高能量低营养的广告铺天盖地，针对孩子及其家庭的食品和饮料营销使问题变得更为棘手。

- 某些社会中，"肥宝宝就是健康宝宝"的普遍观念及文化传统助长家长过度喂养。
- 急速的城市化及数据化世界让健康运动的机会越来越少。超重或者肥胖也进一步减少了孩子参加集体活动的机会，由此他们变得更加不爱动，长此以往，他们的体重更有可能会超标。

儿童肥胖看起来是一个很复杂很精细的问题，其生物学上、文化上及心理上的起因是很难厘清及跟踪调查的。琼·C. 韩（Joan C. Han）、德比·A. 劳勒尔（Debbie A. Lawlor）和苏·Y.S. 金（Sue Y.S. Kim）3 位研究员在 2010 年 5 月《柳叶刀》名为《2010 年儿童肥胖：进步及挑战》的文章中提道：大约五十年前，一个巨大的转变来临了，与此同时，发达国家的食物供应也朝着廉价和高能量方向发展，每日所需的常规运动锐减，卡路里的摄入和消耗失衡，最终的结果便是：肥胖的流行。

在这一团糟的情况下，地球上还是有那么一个国家摘取了全球长寿的桂冠，且与世界其他国家相比，其儿童肥胖被控制在一个很低的水平，这个国家就是日本。

2.
为什么日本孩子是世界上最健康的孩子？

睡吧，睡吧，睡吧小宝贝。

宝宝睡了，洗点红豆和米，再往红豆饭里加点鱼，喂我最
爱的小宝贝。

——日本摇篮曲

日本人育儿有什么与众不同的地方呢？日本孩子在他们的日常
生活中又都做些什么能让他们最长寿且鲜有肥胖呢？我们这些生活
在日本以外地方的孩子，又能从他们那里学到什么呢？为了找到可
能的答案，威廉和我采访了日本以及全球各地的医生、研究人员、
科学家和公共卫生专家。并带着我们的儿子到了东京，深入到我父
亲祖屋所在的日本乡下——那里还有父亲祖上留下的农场，农场现
在仍旧由我的表兄弟及其家人经营打理。

我们在日本家庭中寻求答案，也在学校、研究机构、超市及农
夫市场里寻求答案。日本母亲、父亲、祖父母，托儿所、幼儿园老
师和学校营养专家都是我们收集意见及观点的对象。渐渐地，我们

找到了一系列文化因素及日本孩子身上所展现出的可能从根本上改变生活的行为，以最权威的专家意见为依据，这两项因素加在一起可能正是日本孩子在健康长寿方面领先全球的原因。

日本的健康生活节奏

简言之，日本小孩生活在有极其尖端健保系统的发达国家里，而且其所在国家倡导健康饮食模式及习惯，鼓励高运动量的日常生活节奏（也许很难想象）及保障孩子健康生活的文化。

另外我也将在书的第二部分讲述 7 种根植于研究成果的秘诀，希望能借此帮助到其他国家的孩子和父母，一起分享日本孩子日常生活中的一些优势。

在威廉和我的返乡之旅中，儿时在日本和家人及大家庭中的其他成员同桌吃饭的久违记忆又回到了我的脑海中。

在我儿子出生的时候，父母从东京飞来纽约看他。到纽约的第一个晚上，我妈妈千鹤子就从超市买来美国当地的食材，在家中的厨房做了一顿日式的家庭晚餐，爸爸则抱着自己的新生儿外孙摇啊摇。没用多长时间，整个厨房就弥漫着超级健康、超级正宗的日本家庭料理的浓香，背景音乐是才荣升外公外婆的两位老人家吟唱的古老日本摇篮曲和民谣。那天的晚餐全是用从纽约当地买来的食材烹制的。

同其他地方的妈妈一样，日本妈妈也想透过健康可口的饭菜表达她们对孩子的爱。日本父母把大自然的智慧和历史地理文化融合起来，创造了日常生活、行为的节奏，食物的选择和菜谱，而正是这些孕育出了全球最健康的小孩及崇尚健康饮食模式的小小美食家。

把日本模式运用到其他国家

7 年前我做了妈妈，就下决心要让我儿子吃上最营养、美味的食物，帮助他养成健康的饮食习惯。有时候，这个愿望达成得非常圆满，比如他第一次吃的固体食物是牛油果泥，他最喜欢的零食——蒸红薯及炒红菜头；以及我的美国丈夫为全家准备的传统日本早餐（他承认他偷懒了，其实这样的早餐他做起来只花了 5 分钟）。

而也有这样的日子，我们家里全是这样的儿童食谱——比萨，纸杯蛋糕，炸薯片和炸薯条。当然，总体来说我们全家还是充分汲取和发挥了我家乡的智慧，吃得非常健康。

其实日式膳食及其他传统健康饮食模式的智慧就存在于我们周围，关键在于你每天在超市、杂货店、农夫市场及餐馆里做什么样的选择。讲真的，你不用去学日本餐馆那样的菜式，在你自己家里的厨房和饭厅就能做到。

这是一本以最科学的观点为依据、盛赞健康生活及儿童美食的书，也是一本探索日本国民如何发现大自然的智慧，以及如何打理他们孩子的饮食及生活方式的书。

书中自有黄金屋——希望你们能把书里为你和你的孩子准备的日式料理食谱运用到生活中去，在好玩有趣中开启健康饮食的新模式。

重新发掘日本的智慧

儿子 3 岁的时候，特别痴迷日本的子弹火车，也叫新干线，常常在梦中梦到。

而这时候的我呢，也带着他在我的故土四处走走看看，梦想着能创造一套一日三餐外加健康小吃的系统并带回到美国去，这样的系统越简单越好。在儿子 4 岁的时候，我和他再一次从纽约飞到东京——在那个古老的国家，整个夏天我们像当地日本人一样吃、住、行。

随着那个夏天旅程的结束，我也开始发掘出我身体里的那个日本妈妈，希望能带着最多的智慧回到美国，帮助我儿子在一日三餐及零食上做出正确的选择，同时也不放弃甜食，吃得有乐趣，哪怕有一点点放纵，一点点颓废，那也都是日本式的。我也希望分享这些智慧，把它们提炼成对其他父母有助益且简单易学的观点。

那个夏天，每天的日式饭菜都是我帮着妈妈准备的。我们一块购物，逛东京当地的超市，高档美食广场和百货店并赞叹不已。我们还搭乘新干线经过富士山，深入到日本的乡下，在小阪山区老家的小村庄农场住下来。在那里，我重温了儿时的记忆，从树上采摘新鲜的橘子，徜徉在各类时令美食和日本美食文化中。

不管我们去到哪里，健康的孩子随处可见。这些孩子生长在这样一个国度，虽然它也远非完美，可那里的年轻人是多么幸运啊，兴许连他们都不知道自己生活的地方是全球生活方式、饮食文化最为健康的地方。

日本人健康背后的秘密

为什么日本出生的孩子是全球最健康、最长寿的呢？

研究人员有好多线索，不过答案却不是单一的。你也许会觉得日本人有长寿基因，不过研究结果否定了这一观点。马里兰大学医学院心脏病专家罗伯特·沃格尔（Robert Vogel）医生在我们的上一本书——《日本的饮食》（The Japan Diet）中告诉我们：“你也许以为是基因的原因，可看起来基因并没帮上多大忙。NiHon San 研究结果表明日本人种的基因在长寿上并没起什么作用，即使有任何作用的话，日本人到了檀香山或旧金山后，他们的寿命和当地人相同，也和当地人得一样的心脏疾病。法国国家科学研究中心首席科学家、里昂饮食与心脏研究课题领头人、法国及地中海饮食首席专家米歇尔·德·劳格瑞尔（Michel de Lorgeril）博士也同意上述观点：研究表明日本人的基因并不能保护他们不患病。”

日本人比其他国家的人更长寿的一个原因可能是他们的健康文化——全民免费保健，世界一流的医疗系统以及其强调清洁及卫生的文化。日本大大降低了传染病及新生儿死亡率，通过减少食盐摄入运动的开展及血压药物的推广降低了中风。日本还建立了一套完善的学校健康普查及体检的“人工干船坞”体系。其他潜在的因素包括日本社区及朋友间极强的纽带关系，“生存意义”的全民意识及推崇通过冥想减轻压力的文化。

《柳叶刀》研究项目日本方主研究员、东京大学全球健康政策系贤治涩谷（Kenji Shibuya）教授及其同仁找到了包括日本膳食结构在内的 3 个潜在关键因素，希望能解释日本长寿的原因。

第一，日本人在日常生活的方方面面都非常重视卫生。这种态度可能多多少少归因于文化，教育，气候，环境及与人接触前要荡涤身心的冥想传统；第二，日本人的健康意识很强。定期体检在日本是常态，地方政府为每个学校或上班的人群提供免费普查；第三，日本食品有均衡的营养，全民的饮食和经济的发展齐头并进。

《日本：全民医保50年》

——《柳叶刀》，2011年8月30日

日本孩子改变生活的十二项行为

至少有 12 项相互关联的生活方式因素是促成日本健康长寿的潜在原因。与其他发达国家的孩子相比，平均来说：

1. 日本的膳食结构以相对高营养，低卡路里（或每一口的卡路里含量）构成，其中鱼类及植物基食物比例高，而肉类的比例较低，卡路里总量低。

2. 从婴儿时期开始，就尝试花样繁多的水果、蔬菜在内的不同种类食品。

3. 进餐的盘子小，很少有超级大餐盘。

4. 从小被教导在食物选择上要有弹性，不要有特别的食物禁忌，或对食物妖魔化。

5. 鼓励享用零食及小吃，但摄取量及频率有度。

6. 大量的体育运动及零星的小锻炼穿插于每天的生活当中。

7. 运动多就会获得各式有创意的奖励。

8. 和家人一起用餐是常态，由父母中的一人（通常是母亲）来招呼管理整个用餐过程。

9. 拥有倡导健康饮食和健康生活方式选择的打包式（wrap-around）家庭及学校环境。

10. 健康饮食以父母为表率，并得到父母的支持，并要求学校配合做到一致。

11. 父母在传授食物及生活方式的智慧时采取有权威但不独裁的态度。

12. 从小就被教导成为主厨的小帮手，端菜、洗碗样样在行。

基于以上因素，与世界其他地方相比，日本成就了一个公共健康奇迹。

儿童肥胖在几个发达国家中以惊人的速度增加，也有一些国家，比如英国，增长速度貌似趋于稳定，但与此同时，肥胖症的流行正在吞噬着全球数以百万计的儿童。从历史数据看，日本儿童肥胖率要相较其他国家低得多，甚至在最近几年还出现了下降。在日本年轻女性中也存在着诸如厌食、过度消瘦这样的饮食失调症，不过这类疾患的发病水平还是比美国低。

事实上，日本与韩国在诸多发达国家里是应对儿童肥胖最有效的，这也为那些国家的健康长寿提供了一个最主要的有利条件，因为人的饮食模式通常都是在幼年形成的。

日本在下列数据中再次名列前茅①：

	儿童肥胖	儿童肥胖和超重
日　本	2.9	13.9
韩　国	4.0	17.1
瑞　典	4.2	19.6
挪　威	4.6	18.0
中　国	4.9	18.5

① 2013 年 2 至 19 岁孩子肥胖流行率（男性及女性），
来源：华盛顿大学健康测量与评价中心（Institute for Health Metrics and Evaluation, University of Washington）.
http://healthmetricsandevalutaion.org
http://vizhub.healthdata.org/obesity.

	儿童肥胖	儿童肥胖和超重
法　国	5.2	18.1
德　国	5.2	20.1
瑞　士	6.0	18.4
波　兰	6.4	19.8
澳大利亚	7.1	23.7
冰　岛	7.1	26.7
俄　国	7.3	20.5
意大利	7.3	26.9
丹　麦	7.4	19.5
英　国	7.7	27.5
芬　兰	7.8	23.3
西班牙	8.1	25.8
奥地利	9.0	17.5
希　腊	9.2	31.3
加拿大	9.4	23.8
新西兰	9.5	26.2
沙特阿拉伯	12.0	30.0
以色列	12.7	29.0
美　国	13.0	29.5
科威特	17.7	34.8

更为重要的是日本的生活方式（吃，行，思考）可能也是其在长寿及低儿童肥胖率上面名列全球之冠的关键因素。

在第 24 页中列举的 12 项生活方式可分类成 7 个系列，既具突破性又很简单，灵感来自日本并经专家验证过，这些观点构成了本书的核心。这些能够为你孩子的健康提供充足营养的 7 大秘密，我希望你能够运用到自己的家庭之中。

第二部分
为孩子提供充足营养的七大秘密

秘密一
改变家庭食谱，以保证高营养密度

享受富含营养的家庭食谱，包括摄入更多的植物性、全麦食品，摄入少量的含糖含盐及加工食品。

———

吃当地的蔬菜能强身健体。

——日本俗语

不是必须吃日本食物才能养育一个世上最健康的孩子——只需要将家庭饮食习惯调整成日本式的就好。

我在日本长大，我们家以及许许多多别的日本人家普普通通的一餐饭食，也就是一碗味噌汤，一杯水或大麦茶，一碗米饭，一小片鱼或豆腐，两三个素食小菜，最后再来一片水果。

那时候我们还不曾注意到这个，但是我妈妈一直沿用着她那个版本的日本饮食传统哺育我们长大，一种兼具世上其他传统饮食模式的健康的吃法，也被看作是健康饮食的黄金法则。

20世纪50至60年代，众多英国儿童还保有比较健康的饭食，部分原因仍然归结于"传统"：少食加工食品，多吃自己煮的饭菜，少食高热量食品，并且辅以较多常规运动。

我妈妈仍然用那样的方式开饭。像世上所有其他妈妈和奶奶们一样，我妈妈一直将高营养和传统的健康饮食模式高度连接在一起。她遵循的是一种有机工艺，这倒并不是因为它位于营养科学的前沿，而只是因为习以为常。

几乎就是我在美国读了好几年书之后回归东京的那一时刻，日本民族正在享受着"营养平衡"稍纵即逝的黄金年代。日本政府考虑将 1980 年作为确立东西方饮食方式、卡路里含量，以及食品方面健康均衡的时间节点。

过往经年，日本的饮食文化不可否认地愈发西式且全球化，从某种意义上说这并不是什么好事情。但是今天日本成年人和小孩特有的饮食——与其他发达国家相比——仍然是低热量密度或"每一口的卡路里较低"，其特色便是以更多鱼和植物为基础的食物，少肉，少糖。

许多专家将日本饮食标准与传说中传统的地中海饮食相提并论。当提到日本学校中极佳的膳食教育时发现，世纪之交时的儿童期肥胖症只是稍稍有所上升，据日本文部科学省健康教育官三谷拓也（Takuya Mitani）所说，其喜人结果便是："自 2003 年起，日本的儿童和青少年肥胖率一直在逐渐降低。"

终极家常大餐

什么样的完美饮食习惯才能最健康、最长寿？专家们对此也不能特别确定，自从有了对人类不同饮食的长期随机化的试验研究以来，针对此研究假定的"黄金法则"却很少尝试，因为几乎不太可能让人们固守一条规范 5 年，10 年或者 20 年。斯坦福大学医学院助理教授克里斯托弗·加德纳告诉我："我们随机选定 100000 人，有食用大量酱油的，有不食用的，然后再跟踪他们 100 年，最后瞧瞧谁活得更久些——这样的事永远不会发生。"所以我们被什么套牢了呢？加德纳说，是不够完善的研究和其显著的局限性。"你永远得不到完美的研究，"他的结论是，"所做的只是一块拼图连同另一块拼图，只是整个大谜题中的一部分。"

尽管如此，世界各地最棒的专家学者们还是开始相信，或许确实是有统一的健康和营养理论有助于将患肥胖症及引发其他疾病的风险降至最低，将延长生命、健康生活的可能性升至最高。

新的研究理论证实了日本和其他传统健康饮食习惯的智慧所在，部分基于芭芭拉·罗斯及她在宾夕法尼亚大学的研究团队所做的先驱工作。他们组织了一系列研究，揭示出高纤维及多水分含量的食物，如水果和蔬菜，低热量密度的饮食模式——或者"每一口的卡路里"——具有超凡脱俗的双重利好：可抵抗过多进食和肥胖，传送最益于健康和长寿的营养。日本，诚如事实已经证明了的，是"相对"低卡路里密度的"乌托邦"。日本式吃法不论在补充能量，还是传输高质量营养包两方面均可谓有能力且效率高。

一个秘密：日本默认且约定俗成的餐食基础是米饭，远比面包或者其他形式的精加工面粉要多得多，这也正是日本与西方饮食极为不同的地方。日式短粒米的优势在于——糙米更佳，或那种部分研磨过的胚芽米简直太美味了（可在亚洲市场或在线购买）——其优势就是水润，蓬松，食之极有饱腹感，且与面包相比所含热量低得多。

所有这些饱腹的米饭或可取代相较而言不那么健康的食物，并且会减少摄入卡路里的整体数量。据联合国食品与农业组织估计，日本人均每日卡路里摄取量大致在 2700 大卡，而英国是 3400 大卡，美国则为 3600 大卡。总体而言，在专家学者们看来，日本人的饮食结构，或者说将普通的和特别的食物相结合这一方面，据信要比西方饮食结构来得更加健康有益。

对于父母来说，面临的挑战就是如何才能在早期就引导孩子们进入这样的一种结构中来，这也是世界最健康的孩子们从何而来的秘密。一代又一代，日本的为人父母者早就本能地知晓吃得全饱（几乎全饱）的肚子是个快乐的肚子，但是日本谚语却建议说"饭吃八分饱"为好。换句话说，所吃食物主体不会很快地填满你，而是逐渐让你有满足感的。

最有趣的一点是：日本人民像英、美两国人民一样吃很多同样的基本款食物，不同之处就在于数量、膳食的均衡和多样性。

正在改变的饮食

虽然日本国家饮食正在变得越来越西方化，并有大量不健康的食物在日本廉价销售，可今日日本人仍然明显地多吃鱼，饱腹素餐和米饭，也明显地少加糖，减少肉和摄取的卡路里的量，举例来说，整体上要比英国人低。

当高水平的所谓"偶然运动"和常规体育活动联合在一起时，日本人的整个饮食结构或许就是给予他们在健康和长寿上最最不得了的优势的原因。

哈佛大学公共健康学院的弗兰克·胡教授曾经对我说"像日本人或者其他亚洲国家那样以植物为基础的饮食，是大量食用蔬菜、水果、包括大米在内的谷类产品和大量海产品。一种饮食结构中水果、蔬菜、全谷物和鱼类/海产品占比较高的话，会持续始终如一地降低患慢性病的风险。这种植物基础的食物在过去的 100 年里已经确凿无疑地被极多科学数据验证了，它们确实在心血管疾病，防癌及长寿方面大有益处"。

在英国，儿童肥胖在高水平处趋于平缓，而流行的肥胖症正在席卷世界上千百万的少年儿童。日本儿童期肥胖症水平却一直低得多。当然，就像我们看到的，日本也有一些进食方面和进餐不规律的问题，但这样的不规律却比美国要低。实际上，日本在对待儿童肥胖的问题上已经比其他发达国家更加有效了，这是另一个健康长寿的优势，因为生命期内的饮食结构往往建立在儿童期。

盐

必须得承认，日本饮食中存在太多盐了，食品中像盐腌干鱼，腌咸菜，我能想到的还有过多使用酱油。日本男人也抽烟，并且已经到了必须予以警示的高吸烟率，与饮酒相关的小毛小病也是多发。但日本肥胖症比例却是世界最低的，部分原因要归结为相对西方来说更小的进食量，以及大有几分不同的饮食文化。

英、美、日的饮食对比

咔嚓来一张快照看看日本的饮食结构是如何与英、美相较量的，这里有个例子——你可不想继续朝着这个方向走下去——看看从联合国粮农组织发布的一组近期数字。提请您注意的是，这并不是精确的消费数据，而是人均每日消耗卡路里的估值，包括消耗和损失的。虽然只是粗略的数字，但它们仍然可以折射出国家间的饮食结构：

日本做了什么不一样的事——国家饮食结构[①]：

	日本	英国	美国
每日所需卡路里总量	2719	3414	3639
占总卡路里百分比：			
蔬菜	80%	71%	73%
动物（肉）产品	20%	29%	27%
少数主要产品，占总卡路里百分比：			
米饭	21%	2%	2%
鱼和海产品	5%	1%	1%
肉类	7%	13%	12%

日本饮食结构是以人均每日总卡路里的可用性为2700卡为基础的，比英国少700卡，比美国少1000卡。

日本国家的饮食结构相较英国饮食显示出更多的"卡路里（热量）修正"——从而更加接近许多成年人保持健康体重大致的理想值2000～2800卡——也与性别，活动值和个体状况有关。

因为日本的饮食结构大致具有低热量密度，这也就意味着每一口食物均为低卡路里，且果蔬米饭中的水分含量致高饱腹感，2700卡可获取热量就比英美两国的饮食结构更有满足感。

① 来源于：2011年粮农组织资产负债表，食品提供单位为人均每日千卡。

　　相比英美两国及欧洲大部分地区的儿童，日本儿童是成长于相对更加健康和较低热量摄入的国度。这一点有助于日本儿童随着时间的推移保有相对健康的体重，并且可以有效避免肥胖症对健康的侵袭。

　　日本饮食结构中摄取的卡路里，蔬菜制品是占比的。它包括富含水分又饱腹的米饭——也是许多亚洲国家饮食的主餐——这一数字不会完全破坏某一种蔬菜制品累积至总卡路里值，但是对此我有强烈的感觉，那就是相较于其他发达国家的人们，日本人从孩提时代起就开始吃各种各样健康有益的水果和蔬菜，无论是陆地上的还是海里的，他们吃得更多，种类更宽泛。

多吃果蔬的重要性

　　世界各地的营养学专家们一直在告诫我们，多吃水果和蔬菜益处大大的，因为以蔬菜水果本身来说，它们物质结构中没有被额外添加糖或者深度脂肪。这一简单直接的世界性观点既跟我们的爷爷奶奶和父辈的智慧一样老，也如今时今日的诊所研究一样新：如果你想让自己尽可能健康并且战胜各种慢性疾病，那就要多吃不重样的水果蔬菜。

　　即使在饮食西化已经过了好几十年的今天，蔬菜依然占据着日本人饮食结构的主要位置。比起英美两国来，总体上，日本以植物为基础的食物比例要更高，日本人也吃种类繁多的素食。日本餐将蔬菜作为一餐的中心，将许多不同种类的时令蔬菜放进一系列五颜六色的菜品中，又好看又美味。你看见这么多五花八门的蔬菜时一定会惊叹不已：蒸的，只加少许调味料炖的，用美味肉汁煮的，淋

上温和的油醋汁即可食用的，浇上以味噌主理的类似于烧烤酱汁的。（请参见本书后所列食谱）

果蔬是如何有助于保护全家健康的？

水果和蔬菜有助于在摄取少量卡路里的情况下感觉到饱，根据已被普遍证明了的理论，饮食和营养被称为"能量密度/值"或"热量密度/值"。这一理论被宾夕法尼亚州立大学营养学系的芭芭拉·罗尔斯博士大力推广。罗尔斯博士曾说过："水果和蔬菜在决定体重高低时绝对扮演的是大咖角色。"热量密度理论说的是如果你多吃低热量值食物，少食高热量值食物，你就会十分有效率地达到更加接近健康安全值的水平，或者很快觉得饱——总体来说你得少吃高热量食品。低热量食品和餐食包括水果，蔬菜，低脂牛奶，烹煮过的谷物，瘦肉，家禽，鱼，豆类，肉汤打底的汤类，炖菜，主要是蔬菜水果的面食甜品。高热量密度的食品包括薯条，甜食和饼干之类的。

此法的秘密食材就是水，水稀释了大部分定量食物中的卡路里。"让人惊奇的是，含水量高的食物对饱腹感具有很大的影响，"罗尔斯博士如此写道，至于水果和蔬菜，她在文中提到，"这些含有碳水化合物的（植物基）食物，真心不一般。你能够吃掉所有你想吃掉的东西，却摄取了较少的卡路里。"关于水果和蔬菜神秘的事情是：我们知道果蔬中含有可促进健康的物质，但我们对它们是怎么工作的知之甚少。"许多对植化素（支撑植物健康的植物化合物）有一点了解的人都等待听到有关这种化合物的信息，大量服用此化合物即可治愈百病。"注册营养师凯伦·柯林斯这样阐明。是番茄红素，β-胡萝卜素，还是白藜芦醇？实际上，研究倾向于表明这种植物化学物质可与我们身体共同协作去提升我们的免疫系统。你会从大量食用各种富含植物化学物质的素食和蔬果中获益非凡。

换句话讲，这种存在于蔬果中的有益健康的物质似乎是协同作战及高度复杂的联合体结构，所以我们不太能够从单一的物质或者仅凭"前 10 位超级蔬菜"就获取很多。"很有可能，"明尼苏达大学公共健康学院流行病学家林恩·斯特凡博士在发表于 2006 年 1 月的《柳叶刀》杂志中这样写道，"食品中那种营养结合及化合物与单一的营养成分相比，极为有益健康。"其底线是我们必须得吃各种各样的水果和蔬菜，以确保得到我们所需的营养成分。

一天，在斯坦福大学医学院的校园里，营养学专家克里斯托弗·加德纳抽出时间在他的研究中谈到很有意思的主题及其本人大爱的菜肴——炒时蔬。加德纳特别讲到营养及预防性药物所起的作用。他已经发表了关于大豆和蒜、植物基饮食和植物化学物质、心脏疾病、癌症预防等研究论文。但是当你听他说起烹饪、食材、菜品的色香味时那种热情饱满的声音，你便会想没准儿他真的是跟热爱研究工作一样热衷于食物。

他对我说：

你看着日餐，地中海饮食或者 DASH 时（亚洲饮食和抑制高血压饮食），会发现有一个鲜明的主旨：均为植物基饮食和富含营养。看亚洲人都炒些什么东西来吃。典型的日本餐有鱼条，鸡肉条，或牛肉条，非常有滋味儿。这可不是 12 盎司那么大块的牛排。有米饭，草本植物气息使它又好闻又吃着香喷喷，他们还吃菱角、嫩豌豆和绿豆芽，小白菜，芥菜，各具美妙颜色和风味。如果你把所有这些叠加到一处，它们有传统的维生素组合，有营养，富含植物化学物质和异黄酮。不是你要规避的，而是你应该置于自己的餐饮模式中。你得摄入营养价值高的食物，这里面的食材，很多很多都可以在日餐中发现。他们爱吃蔬菜，爱吃豆类，也爱吃五谷杂粮。如果你看一下新兴的/科学文章，它们的积极元素看上去至少得有99%都是来自其植物基的根源。

蔬菜品种是关键

据像哈佛大学公共健康学院和美国疾控中心的那样一些专家所述，食用许多不同种类的蔬菜和水果——包括绿叶蔬菜、番茄、浆果、柑橘类水果、甜薯、豆类以及各种颜色和类型的果蔬——或有助于预防心脏疾病和中风，较好地控制血压，防止某些类型的癌症，防止肥胖症和 II 型糖尿病，预防白内障和黄斑变性这两种常见的视力损害。哈佛大学公共健康学院提出，其底线是："蔬菜和水果在优良的日常饮食中显然为极其重要的一部分。几乎每个人都可以从多食用蔬菜水果中受益，但是其多样性和种类跟食用数量一样重要。没有哪一种水果或者蔬菜可以提供全部健康所需的营养。关键在于要多吃不同种类的蔬菜和水果。"

饮食结构比超级食品更重要

在许多专家学者中，曾经流行过一种关于开列精英超级食品的概念，但是现如今此概念已为饮食结构是基于广泛食用不同种类的蔬菜水果（也包括豆类）让路了。美国疾控中心（CDC）研究表明，水果和蔬菜是多种维生素、矿物质和其他天然成分的源泉，能够帮助我们预防慢性病。饮食模式中包括多种类多颜色的水果蔬菜，便可以给机体以更多元的营养，例如纤维质、叶酸、钾和维生素 A 和维生素 C……在此列举的仅为极少数。

据估计，日本人平均每周会食用超过 100 种不同食物（美国人仅为 30 种，欧洲人是 45 种），太令人惊讶了，但是设法消耗掉的卡路里却仍然比美国人的要低 20%。

水果蔬菜的健康能量

据 CDC 数据，在此仅举为数不多的几个例子来表明多食水果和蔬菜的家庭烹饪能获得以下营养：

纤维质：食用富含纤维质的餐食益处良多，包括减少患冠状动脉疾病的风险。

极好的蔬菜品种来源：扁豆，菜豆，黑豆，斑豆，酱豆，白腰豆，大豆，豌豆，鹰嘴豆，黑眼豌豆，扁豆，朝鲜蓟。

叶酸 [①]：富含叶酸的健康饮食有可能减少女性孕育宝宝时患大脑或脊髓缺陷的风险。对每一个个体来说，叶酸有助于多重健康机体的运转，包括产生 DNA。

极好的蔬菜品种来源：黑眼豌豆，熟菠菜，扁豆和龙须菜。

---

① 医学研究所推荐，育龄妇女怀孕时每天要消耗合成叶酸 400 毫克，作为她们自多样化的饮食中获得的叶酸补充。合成叶酸可自食用强化食品或服用补充剂来获得。

钾：饮食中富含钾可有助于保持血压健康。

*极好的蔬菜品种来源：*甜薯，番茄，果/菜泥，红菜头叶子，土豆，白腰豆，酱豆，熟蔬菜叶子，胡萝卜汁，干梅汁。

维生素 A：可保持眼睛和皮肤健康，有助于抗感染。

*极好的蔬菜品种来源：*甜薯，南瓜，胡萝卜，菠菜，萝卜叶子，芥菜，羽衣甘蓝，葱，西葫芦等瓜类，蜜瓜，辣椒和中国大白菜。

维生素 C：有助于伤口愈合和保持牙齿、牙龈健康。

*极好的蔬菜品种来源：*辣椒和柿子椒，奇异果，草莓，甜薯，羽衣甘蓝，蜜瓜，西兰花，菠萝，抱子甘蓝，柑橘，杧果，番茄汁，菜花。

鱼类——特例食物

日本饮食结构是基于很多鱼类好脂肪的基础之上的，而不是来自肉类。其饮食结构中丰富充裕的鱼类与西方饮食相比会有两大益处：可减少肉类中的饱和脂肪量——食用过量肉类或频繁吃肉，已被确信为健康风险的制造者；还有一个原因就是鱼含有不饱和脂肪酸欧米茄-3，特别是多油脂鱼类，更可抵御某种类型的心脏病。

在上一本书《日本饮食》中，我们写过一个宾夕法尼亚男人，他揭开了日本的神秘面纱。"一些日本饮食和生活方式看起来是独一无二的，"他说道，"并且有助于日本人对世界最大的杀手——冠状动脉心脏病——的防范。"

这倒是一个似是而非的论点，有些事情他也没能找出确切答案，但他有一个很有趣的理论，这个理论是关于鱼的。刘易斯·库勒博士在流行病学、人口和公共健康研究领域可谓德高望重。他研究药物将近50年，有药学博士学位，是匹兹堡大学研究生院公共健康学系的教授，在药物学期刊上发表过500余篇文章。库勒和他在日本的同事一直致力于研究日本的饮食结构与疾病，并且与世界其他地方的人口作比较。他们关注研究的一些结果绝对让人叹为观止。

根据库勒博士的研究成果，在年长的日本男人中间，一直有朝着更西方化的生活方式和饮食习惯变化的趋向。比起上一代来说，他们吃更多的饱和脂肪、肉类和干酪。他们也是重度吸烟者。他们多患高血压，缺少运动。

库勒博士阐明说我们必须看到日本人在冠状动脉心脏病方面有明显的上升（特别是男性），在日本一定会有心脏病普遍发生。实际上，库勒是这么认为的，你好歹要期望得病率不要"大规模"才好。可是并没有。库勒博士报告："日本人口中仅有很少人罹患冠状动脉心脏病死亡，特别在年轻日本人中。这对我来说真是个无法解释的悖论。"

并不是基因性质的影响使得亚洲人独一无二，库勒博士推断，因为"我们已经研究了在美国、巴西和夏威夷的日本人，那里的比率就要比日本人在日本本土高得多了"。还有就是，中国人患冠状心脏病率可见增长，韩国和新加坡也长上来了。"日本饮食中有些很好的东西在起到保护作用，而这些东西恰恰又是我们没有添加到自己的日常饮食中的。"他沉思着。他不能证明这一点，但是今天要是打个赌的话，库勒说他赌这个悖论的答案是日本人喜欢"从鱼类中获取了超高的不饱和脂肪酸欧米茄-3（Ω-3）"。

多食鱼类意味着许多健康的不饱和脂肪酸欧米茄-3

我的故国日本，是个真正的"我为鱼狂"的国度，今天仍然是这样。今日的饮食文化在各式各样的食材和烹饪方式的宽泛层面上均强光聚焦于对鱼类大唱赞歌上。日本是世界食用鱼类的冠军，英国和美国差的不是一点半点，而且，库勒博士说："他们比中国人吃的鱼还多，且差不多两倍于韩国人。"

库勒认为日本饮食结构可以有效保护心脏，因为从鱼类中获取了超高的不饱和脂肪酸欧米茄-3，这一关键要素使得日本人普遍长寿。

那么这对我们这些生活在西方国家的人来说意味着什么呢？"尽可能少摄入饱和脂肪酸，显著提高不饱和脂肪酸欧米茄-3的摄取量，如此一来获益无穷，"库勒说，"我们必须得知道这个。"

在餐饮和营养世界中，有很多研究说鱼类并非铁甲遮面洪水猛兽。许多研究还指出多油脂鱼类对健康的方方面面都有益，特别是在预防心脏病上面。但是，一篇发表在2006年《英国医学杂志》的评论文章发现了一个小小的、但有说服力的证据，表明此言非虚，领头人为乔·舒尔茨，麦吉尔大学化学系教授，他写道："我们显然不能吞下所有关于欧米茄-3神奇属性的饵、渔线和铅坠。"他推测道："或许鱼类的益处并不在于它们含有什么，而是在于它们在饮食中代替了什么。"

如果库勒博士关于日本人喜欢吃鱼并从中受益的观点是正确的，他的理论便与正在崛起且全球流行的营养学共识相吻合：好的肪脂对健康有益。更明确地说，鱼类中所含的好脂肪，或者说

像欧米茄-3这样的不饱和脂肪，是健康饮食中不可或缺的组成
部分。

鱼类安全

对鱼类的安全，一直有争论和困惑，由于担心一些鱼类物
种中可能含有污染物，如汞和多氯联苯（PCBS：工业副产品，
现已禁止使用，但环境中仍然存在）。问题最大的鱼是长生的
掠食性鱼类，如马林鱼、鲨鱼、箭鱼等。

它们处于食谱链顶端，可累积大量其所捕食的动物污
染物。

一些研究者对他们所看到的饲养三文鱼，鱼油和鱼肉中所
含PCBS水平之高深表关切。但是食用鱼类的好处"很有可能
比估计到的害处多100倍，还有一些害处可能根本就不存在"，
持此观点的是瓦尔特·威利特，哈佛大学公共健康学系营养学
教授。

如何加强家庭的欧米茄-3

·罐头装的阿拉斯加三文鱼、青鱼、青花鱼和沙丁鱼，其鱼油
中普遍富含欧米茄-3。可开罐后直接食用。超级方便快捷，跟新鲜
时一样富有营养。罐头装的三文鱼鱼皮和软骨完全可以吃掉，对身
体也好。寻找少盐的罐头鱼。

·选择像水煮、烤、蒸或者烧等更加健康的方式，代替炸鱼、
煎鱼。

·一种好的植物基的 Ω-3 不饱和脂肪酸的来源是亚麻籽（尽

管可能没有鱼类的那么好），可以在许多超市和健康食品商店买到。清爽的坚果味口感，可洒在麦片粥，汤和许多其他食物上头。要想释放其所含 Ω-3，最好的办法是买研磨好的亚麻籽，或是自己研磨。

让鱼香大爆发

尝试用柠檬汁或切碎的香菜末作调味料做鱼，代替蛋黄酱、塔塔酱、荷兰酱或者黄油等等。传统日本风味包括少量萝卜丝，例如大根（白萝卜）和几滴低钠酱油，酱油混合柠檬汁，照烧酱汁或一些现成的芥末。

蛋白质源

英国、日本及其他地方的许多健康专家一致认为，对儿童、成人来说，健康的吃法务必包含有蛋白质含量高的食物，比如鱼类、瘦肉、家禽和豆类及扁豆。在日本，最流行的蛋白质源就包括有鱼、大豆（可生吃的像毛豆或纳豆——一种发酵过的大豆）和大豆的衍生品——豆腐。日本家庭也吃肉，但是比西方国家的量要少。在美国，举例来说，我现在生活居住的地方，特别是一些餐馆，肉的消耗量大得惊人。而在日本，肉类更多是做装饰、小菜或者添些风味，而不是当作一道特色主菜上桌。本书食谱部分会给你举一些例子，希望足够吸引你也这么做。

健康脂肪

脂肪不是妖魔鬼怪——不论以什么名义来说。脂肪提升食物的口感。近些年来，不饱和脂肪开始显现出独特的健康益处来。据许多健康专家所言，普通家庭吃掉的许多或者最多的脂肪都是来自不饱和源，它可改善血液中的胆固醇水平，消炎，稳定心脏节律，还有其他有益健康的地方。有两种不饱和脂肪源：多不饱和脂肪，单不饱和脂肪。

据哈佛大学公共健康系的研究，好的单不饱和脂肪源包括橄榄油、花生油、葡萄籽油；牛油果、杏仁、栗子、胡桃等坚果，还有芝麻和南瓜子。葡萄籽油和芝麻在日本尤其受欢迎（受欢迎主要体现在它们作为食材和配料方面）。好的多不饱和脂肪源是葵花籽油，玉米油，大豆油和亚麻籽油；核桃油、亚麻籽油、鱼油和葡萄籽油兼有单、多不饱和脂肪。

我自己已经在家庭烹饪中使用了很多含有健康脂肪的非日式食材了。

日式米饭：饱腹发电站

日本饮食结构与西方餐饮模式相比，是建立在大量消耗米饭的基础之上的：粗略计算，大约 10 倍于美国和英国。米饭是许多亚洲国家饮食的基石，包括日本在内，在这里常常使用自己的小碗，通常作为小菜，常常早餐就吃米饭。

日本短颈粒大米（圆米），不论糙米还是白米，每一种都有各自不同的风味和口感。你能发现它因为润泽而趣味横生，比各种长米要带点甜头及少许黏性（但不黏糊）。其精细微妙的口味堪称各式菜肴的完美拍档。米饭有着天然美妙的味道和质感。可饱腹，给你能量，而且还能占上地方，只给饼干或点心这些并不健康的食品一点点地方。

糙米，是日本最原始的能量餐，是全谷物、高纤维的首选，同时具有爽朗坚果的口感。

为何是米饭，特别是糙米，真这么健康？

我喜欢糙米，不仅因为它的口感，还因为它相较于白米富含许多纤维质和营养成分。我也爱吃短粒白米，因为它们嚼着有股精细的美味，还是我成长中的餐饮支柱，我知道它为我的健康餐助了一臂之力，简直没给所谓的垃圾食品再留下什么地方——这是我最喜欢的部分。

---

5 岁以下儿童父母注意事项

在给 5 岁以下孩子食用高纤维食品时请务必小心。英国国民保健系统建议在这个年龄段的儿童族群所适用的饮食为高脂肪低纤维，再配以多种水果和蔬菜。据英国国民保健系统的官网而言："含有多纤维（例如全麦的面包、意面、糙米和糠基早餐营养麦片等）能够填饱孩子们的小肚皮，只给其他食品留有一点点余地。这表示孩子们在获得所需卡路里之前就已经饱了。糠麸类食品还会减少自饮食中吸收的重要矿物质。虽然去尝试多种不同的含淀粉类食品对你孩子的健康有益，但是 5 岁以下儿童也不能只吃全谷物食品。"

用更多的粗粮（全谷物食品），全麦食品代替精细加工过的谷类麦片。在麦片名称前找到这个字——"全"，例如全燕麦、全小麦

意大利面。在缺乏科学／专家对精确的食用量达成一致推荐的情况下，父母和孩子便可以轻松自如地做决定——但是脑子里头要一直想着五谷杂粮当配餐最好。

五谷杂粮

健康专家建议我们饮食中将五谷杂粮实作为健康必备，并且要占我们日常生活中所食用谷物的至少一半才好。但什么才称得上是五谷杂粮呢？它们为什么这么重要？

杂粮包括小麦、玉米、大米、燕麦、大麦、藜麦、高粱、斯佩尔特小麦，及整个都能吃的黑麦（以后会有更多）这类谷物——甚至爆米花都算杂粮呢！它们是抗病营养素、植物化学成分和抗氧化物的绝佳来源，富含维生素 B、E、镁、铁和纤维素。

加工处理（也就是爆裂、挤压、压平、压榨和／或烹饪）过的全谷物，整个谷物果实中包含全部关键元素、天然存在的营养物质。百分之百纯天然原始谷粒——糠、麸、胚芽和胚乳——胜任杂粮的名头。谷物中的每种成分都含有营养素。

多食五谷杂粮对健康有益

有医学迹象明确显示，饮食中多食五谷杂粮可减少罹患心脏病、中风、癌症、糖尿病和肥胖症的风险。少数食品还有其他收效。通过测量其身高体重指数（BMI）及腰围臀围比率，多吃五谷杂粮的人肥胖风险较低，他们的胆固醇水平也较低。

以吃粗粮代替精细加工过的谷类食品，也会减少许多患慢性病的风险。每天三餐粗粮的好处已经昭示天下了，一些研究表明，一天三顿吃粗粮要比一天一顿更能降低风险。重要信息如下：饮食中的每一粒五谷杂粮都有益！有益！有益！

众多研究文献已将五谷杂粮的好处记录在案，包括能保持体重和减少中风、II 型糖尿病、心脏病，某些特定的癌症等风险。近来的科学研究发现了它们的其他一些益处：减少哮喘风险，保持颈动脉健康，抗炎消炎，降低大肠癌患病风险，保持血压健康，以及减少牙龈和牙齿脱落。

多食用五谷杂粮一定会有显著的成效，不管怎样，会让身体适应较高的纤维量，只是切记此举不适合 5 岁以下的低龄儿童，原因在 46 页已详细解释了。

购买五谷杂粮食品

在购买杂粮食品时，不论散装还是其他的，请在包装说明上找到"全"这个字，比如"全麦"或者"百分之百全麦"。记得吃时少加糖——全麦饼浇上糖浆后还是多糖的甜饼子一个。

下面为一些谷物食品之选：燕麦粥，麦片那类的全谷粒早餐——这是不含糖的，黑麦面包（黑麦粉粗面包）、全麦、谷仓、小麦胚芽或杂粮面包、全麦饼干、黑麦饼干和薄脆饼干、全麦米饼、燕麦饼。在选购面粉时，也找全麦面粉、麦芽、荞麦面粉、没有精加工过的黑麦和大麦粉、燕麦和燕麦粉。进餐时，找糙米、全麦意粉、大麦米珍珠米、碾碎干小麦、藜麦。

底　线

诚如在本书开篇之始就说明了的，家庭膳食的锦囊妙计为——

享受居家饮食的高营养，包含更多以水果和蔬菜等植物，及更多五谷杂粮和鱼类为基础的餐食，尽量少食精细加工过的食物，也要少糖少盐。以这样的家庭健康饮食为目标的模式得到了营养学家和专家们的一致认同。

秘密二
提倡快乐饮食以及柔性约束

实际饮食中灵活控制掌握，
不用严苛限制或将食物妖魔化。

———————

妈妈！

怎么了，孩子？

妈妈身上真好闻。是你才做的煎蛋饼的味儿，对不对？

——日本儿歌

我所长大的日本，过去、现在仍然是那块热衷于健康又美味的食物的土地。食品市场以前就跟今天一样，新鲜多汁的、切好的牛肉和鱼"泛滥成灾"，妈妈和主妇们互相交换着在哪儿可以买到最新鲜、最美丽的产品心得。到了晚上，我们东京住宅区街边的人行道上便充满了家里做的加了豆腐块的味噌汤，慢慢煮好的胡萝卜，牛蒡，鱼汤里炖的白萝卜和香菇，照烧青花鱼，有嚼劲儿的荞麦面。

　　日本长久以来一直迷恋新鲜、健康的食物，孩子们自打出生起就常常被父母、学校教导着去明白食物的生长培育、准备，以及吃东西时的礼仪。我的妈妈千鹤子，是所谓"食神"的一代母亲们中最好的例子。她们大多出生于日本战后工业高速发展的 50～60 年代。尽管在那一时期，亚洲和西方饮食，还有时兴的设备都已开始变得丰富，但日本这个国家却仍然保持着非常健康的传统饮食模式。

　　我妈妈让一家人都特别喜欢美妙健康、以大量来自平原、山地、海洋的蔬菜，及大量水果，鱼、米饭为中心的饮食模式。她也让我们时不时吃些小点心和糖果——但只是适量适时，比西方国家的量少，也不那么频繁。

　　换句话说，她一直带领我们吃健康食品，但是碰到不特别健康的食物时，便灵活掌握约束一下——不是严格的食物管制或者将食物妖魔化。并且，在我们家，也像许多其他日本人家一样，工作台和橱柜中没有那么多地方，像西方国家似的，去盛放大量不健康食品和零食点心，也因此很少需要把这些东西藏在孩子们看不见的地方，越藏反而可能激发孩子对食物的专注和渴望。教训是：不要把不健康的东西往家里拿！像育儿研究员琳恩·伯奇博士说的那样，"一周一次或两次把孩子带出去吃冰激凌，但是家里别存着那玩意儿"。

进餐时间——在日本也同样有这个问题

　　在健康长寿国，有些事情有时候也差强人意。一群日本妈妈正与北海道家冶樱育儿学校（Kaji Sakura Nursery School）的营养学家进行一场营养疗法会议。

妈妈们很担心。

她们在试图让自己的孩子成为健康"小饭桶"时屡屡遇到麻烦。即使她们生活在一个世界上最健康长寿的国家的首都，尽管日本孩童的饮食习惯总体上来说还不错，但这些女人们晓得孩子中挑食、不吃蔬菜或将食物扔掉的大有人在。

"我家孩子根本就不吃饭！"一个妈妈说。

"我家的跟其他小孩子比，吃得巨慢无比。"一个绝望的主妇说。

"哦？我孩子也这样！但凡说要吃饭了，她就厌烦透了，变着法儿想从儿童椅上跑掉。"

"我家的也是。而且我孩子还把饭弄得哪儿哪儿都是，太烦了。每次吃完饭我再往地上一看啊，真想直接晕过去算了。"

"我孩子倒是什么都吃。棒棒哒，可是……他一吃上就停不下来啊。一个孩子若一直在吃可怎么办？"

学校的营养师高桥智美安静地倾听妈妈们倒着她们心里的苦水，感同身受，她也是一位母亲。之前她就听过妈妈们这样的忧虑，自己的孩子也有一些同样的问题。

当所有妈妈都发好了牢骚，所有的眼睛转向了高桥智美女士时，作为长年服务于几百所学校、致力于儿童饮食习惯的日本妈妈和营养学专家，她开始向大家揭示一些——也是她自己的——诀窍。她说："从长远来看，养成孩子的饮食习惯非常重要。孩子们的习惯可不是一夜之间就可以改变。一个孩子感兴趣和爱吃的食物是会变化的。当进餐环境或是食物变了花样，他们不喜欢吃的东西可能有一天就会变成喜欢吃的了。

"如果一个孩子只有一点点胃口，或是吃饭要花好长时间，这很正常，是孩子们的天性使然。"

情感交流得很是顺畅自由，妈妈们意识到她们面对着许多同样的喂食状况时，不时地发出礼貌的笑声。

"请体会孩子的感觉。不要呵斥，只有孩子才知道他们自己爱吃还是不爱吃这种食物。还记得你自己的孩提时代么？百分之百你也有不喜欢吃的食物呀。或许……你现在仍然还有一些不爱吃的呢。"

基于此，我会心一笑。想着自己小时候还是个相对不错的小吃客，每一天傍晚，我都会问："妈妈，我们晚上吃什么？我有点儿饿了呢。"她的回答常常为："鱼。"虽然我也试着说服妈妈换点儿别的什么东西吃，但这并不是说我不喜欢鱼的口味和质感，我发现吃鱼时择刺，特别是小细刺，着实冗长乏味又招人讨厌。在日本，通常鱼是会整条烹饪、上桌的，带着鱼骨头鱼刺。但是对我来说，晚餐吃鱼是件很让人失望的事情。后来在我十来岁的某一天，毫无预兆，我跳出了对鱼的负面情绪，猛然间喜欢上了鱼。

高桥智美女士接着说道："孩子们对父母及身边的人的所思所想具有强烈的感知。仅仅因为一个孩子不吃某种东西，别觉得这有多么挫败，也别强迫他吃——这样做会适得其反。如果你强迫这孩子吃这个东西，那么他或许以后都会离这个东西远远的。即使一个孩子吃了什么，仅仅是因为某个场合父母或老师告诉他应该吃，他下一次再碰上这个东西也不会喜欢上它。"

我们在儿童饮食中的失误

消化吸收了高桥女士的话语，我很尴尬地意识到，我对自家小孩也犯了同样的错误，我觉得内疚，因为自己也犯过在他吃东西时给他巨大压力的错。

有些时候，父母会说些类似强迫的话，比如"不吃蔬菜就不许看电视"，"再吃一口胡萝卜，就给你吃甜点"，"不许再喝汽水了——你会变成小胖子的"，要么就是——常常出现在孩子们的聚会上——"孩子们就是吃太多糖了——所以才会这么疯打乱闹上蹿下跳！"

我想起听来的一个家长告诉孩子的两件特别奇怪的事情。第一件发生在超市里，有个微胖的小女生，约莫有 12 岁，正驻足于烘焙糕点货架前，她跟妈妈说想买个纸杯蛋糕。那个妈妈俯下身子对她明确表示："那就买吧，小姑娘，你可正在减肥呢！"

还有一次，在离我曼哈顿的家不远的一个儿童乐园，一个女孩问她爸爸能不能去乐园边上停着的冰激凌车那儿买个冰激凌。那个爸爸先是沉默，然后考虑再三之后对女孩说了这么一大篇儿："不行，亲爱的，你知道我们不能买。冰激凌会秒杀你的血糖，然后你就会超重，然后你会变胖，然后患上糖尿病，然后我们不得不把你送去看医生，然后我们不得不把你送去住院……"女孩子的妈妈就在左近站着，坚定地不断点头以示支持孩子她爸的说法。就是区区一个冰激凌引出来这么一大套连祷文！这对父母的出发点一定是好的，但是他们的表现和说辞却与专家所建议的儿童期如何养成健康饮食习惯恰恰相反了。

　　纽约妈妈哈瑞·布朗于 2006 年 5 月 30 日在《纽约时报》上说："在我孩子的生命早期，我是一个无糖、无脂肪的母亲——完全出于母亲的影响，因为我小的时候，妈妈就是这样控制我的饮食的。我原以为我做的全是对的，直到一个朋友告诉我，孩子每一次在她家里，第一件事就是问她要撒满巧克力屑的冰激凌，还有虫虫软糖。为了严格控制他们糖的摄入量，我的所作所为反倒使糖格外受到了追捧——虽然这是我最不想看到的事情。"

放轻松，让进餐时间成为欢乐时光

　　北海道家冶樱育儿学校的营养学家高桥女士有一些给父母们的很棒的建议。"放轻松，"她说，"你大可不必过于紧张。抱着轻松的心态，你的孩子也会乐得轻松自在，吃饭时舒舒服服的。让你的孩子看看你是怎么享受美味食物的。"

　　"没有比一个人吃饭更悲伤的事了。你再忙，也请安排一个能坐下来跟孩子一起吃饭的特定时间，至少一天一次，"她接着说，"只要用心用爱做饭，就会在孩子的心灵引起共鸣。好好享受与孩子一起吃饭的欢乐吧。"

　　高桥女士并不一定知道，其分享给大家的智慧的闪光点恰恰是世界上超一流的专家们所确认了的。她的秘诀——事实上——就是世界最有效、有研究基础、在"儿童饮食习惯及使你的孩子养成健康饮食模式"课题的最前沿的建议。

　　在日本以及许多其他文化中，食物被看作生命、家庭，欢乐、爱和健康的庆典。日本相关的有哪些有趣的事情呢，以我的经验来看，是这个——即使有了北海道家冶樱育儿学校里的妈妈们和高桥女士的经验，甚至有了来自日本年轻女性经受格外苗条、减肥的痛苦的真实问题，总体而言，传统日本饮食文化，一旦拿去与都市化的西方国家相比，日本饮食更加接近传统的地中海饮食文化：更放松，少压力，更关注美食呈现的仪式感、健康食品，少一些因为吃到"不好的食物"、"被禁止的食物"而产生出的"羞耻感"。在日本，举例来说，糖通常不会被视为大敌，而是能让人产生欢乐情绪的一种东西——只要不是西方国家那么大的用量就好。

在儿童哺育心理学的新近研究中，强烈支持日本学校营养学家高桥女士的观点，而且已被许多日本父母及世界上其他聪明父母身体力行过。从某种程度上来讲，日本还远远达不到完美，但我留意到很多日本小孩被教导着去实践快乐饮食和柔性约束，不将食物妖魔化，很多父母都支持这样，他们对待食物和生活方式的智慧是用"权威"但不"独裁"的方式。

爆炸新闻：令人吃惊的儿童与健康饮食新研究

在一连串的实验中，英国、美国和其他地方的研究所研究发现，在过往的 40 年间，研究人员得出了一些鲜明、令人惊讶的，甚至可说很大程度上违反人们直觉的论点。简而言之，研究建议父母在对待孩子的饮食习惯时务必"轻松快乐"，减少进食强迫和压力，思考着去做更多与其他父母所做的大相径庭的事情。

我先生和我在了解这项研究的初始，也是十分吃惊。不知何故，不论我是如何被一个饮食超级健康的家庭文化哺育长大的，不论有多少次多元儿科专家的随访，阅读多少成堆的父母指南书和杂志，以及在儿童乐园与其他家长们数不清次数的畅谈，此前我们仍然没有很清晰获得大量这方面的信息。

《食欲》杂志 2011 年 12 月有篇文章叫《生命早期的健康饮食习惯：近期证据和精选指南回顾》，其中指出研究人员分析了从添加辅食开始直到 3 岁的健康饮食习惯，结果相当鼓舞人心。他们发现"权威-独裁"式，或提供整体规范，以及设定轻松、自信的典型，积极的环境条件等与养成最健康哺育习惯相关联。研究中还发现存在着一种"相对共识"，太多父母的指导和控制反而会产生负面影响（亦即压力和约束）。但是他们很快指出："因为在这方面的大多数研究都是在美国白人中社会经济状况居中或靠上的女孩子中进行的，是否这样的结果也能概括出其他经济阶层、其他种族，或者男孩子们的情况仍然是个未知数。"

威廉和我不得不去寻找更多事实。也许我们能从中学到点儿什么，来帮助我们自己的家庭。所以我们尽己所能找出一切最棒的专家建议，同时也跟一些专家围绕着世界上谁在儿童健康饮食领域独树一帜、建树颇丰展开过讨论。在研究中出现了新的通用模式，一个需要着重注意的警示则是，在其相对初级的阶段需做更多的研究，尤其是针对来自不同文化、种族和收入群体的儿童。新的研究建议如下：

- 一些父母在吃健康食品时过分对其子女施压，并且过度限制和妖魔化某些具体食物，过于简单地觉得"糖对你只有坏处"，"碳水化合物会让你发胖"。
- 跟孩子说"把盘子里的饭吃光"，可能导致孩子厌食，并且小孩会在吃饭时觉得有压力，另一方面，对孩子进餐时太过严厉的约束可能导致他们进食过量。一直被告知说要把饭全部吃光的孩子们，较之以那些让他们更关注食物本身的孩子来说，对食物就没有那么敏感了——对饥饿或者饱腹不敏感。绝大多数婴儿和低龄儿童似乎拥有对卡路里的摄取量的自我约束能力。

• 强迫孩子进食可导致孩子不喜欢某些特定食物，另一方面，还会分散其对进食量的自我控制能力。对于进餐的过度约束可致使儿童在不感觉饿的时候也去吃。

育儿专家露西·库克博士指出："有一些约束是很必要的——比如对某些食物全面禁止，但是事与愿违。看上去高度约束行为渐渐破坏孩子在吃东西的过程中培养和练习的自控能力。过度及非常严格地限制孩子对某些特定食物的进食量，很有可能会刺激孩子对此种食物的欲望。限制某一种食物会使孩子的注意力聚焦于这种被禁止的食物，同时增大他们要得到和吃掉这种食物的欲望。"

自相矛盾的是，当用心良苦的父母们开始强行控制孩子何时吃东西以及吃多少，专注于孩子的盘中还剩下多少东西，而不是让孩子在吃饱时自己决定是不是要再继续吃或不吃时，这个过程中便会出现偏差。

父母们有为孩子们选择食物的责任，但是应该让孩子自行决定到底吃多少。成年人应该相信他们的孩子本身具有控制进食量的能力。

父母应该在孩子说他们饿或饱的时候试着相信他们。对于水果、蔬菜等健康食品过于强势的约束，以及家里严禁甜食和脂肪量高的小吃，还有用吃某种东西作为奖励的做法均有负面作用；约束限制与孩子的自我"抑制"进食行为关联紧密。约束行为也直接与孩子的身高体重指数（BMI）密切相关。

来自妈妈一方的食物约束可导致（特别是女儿）的暴饮暴食。一项研究表明已经超重的 5 岁女孩们受到更大约束，也最容易在不饿的情况下进食。

权威的育儿实践常常事与愿违。医学杂志《北美儿科诊所》2011 年 12 月的一篇题为《先天和后天：儿童肥胖的病因》的文章，其作者发现"权威型父母"针对具体食物的约束和施加压力，还有过度监控……往往最大化地导致儿童增重。

媒体也帮不了什么忙。年复一年，父母和其他消费者所获取的信息，常常来自科学误报或是过于简化的政府指南，似乎"脂肪和碳水化合物会使你发胖"，"糖是毒药"……尽管如此，实际上科学得出的是一个具有更细微差异、更健康的结论——"好（不饱和）脂肪和天然存在的糖（例如水果中的糖），是孩子们及成年人健康饮食结构中不可或缺的一部分。"

所有这些研究点，是许多日本和英国的家长们都知道的——积极、有意义又权威的方法才是最棒的，比动辄处罚、唯我独尊的方法好太多了。正如营养师康妮·埃夫斯所提出的："父母的角色是给到孩子们多元健康的食物，监督、计划、搭配好每一餐，并设置好正餐和小吃时间。而孩子们要做的只是决定吃什么，吃多少，以及，吃不吃。"

面对不太健康的食物，一样，放轻松

说到家里的零食时间，可以说日本一直以来都是个幸运的建筑牺牲品：许多日式厨房只有很小很小很小的储物空间，没地方放大包装的薯片啊饼干啊这些东西。日本儿童喜欢吃零食，但是数量和频率要比西方国家的小朋友少得多得多。

给家长们的小贴士是，简而化之。与其将大包饼干和薯片带回家，让孩子忍耐不住苦苦哀求着要吃，其他时间都藏在孩子们看不到的地方……你干脆就别带回家来不是更好？！反之，为什么不让孩子每周吃个一两次，或者每个月吃上那么少数几回甜食或巧克力呢？只要量少就好呀，可以选择上外面吃去。据《纽约时报》记者塔拉·帕克·波普建议，根本就不要购买嘶嘶冒气的饮料、甜食和薯片，然后再把它们藏在橱柜最上层。而应该让健康食品取而代之，然后你就能允许孩子们找到它们，吃掉可以控制到的合理数量。至于零食么，让他们在一个苹果或一个橘子或者带有不同蘸料的小蔬菜里头选。

许多专家都建议放轻松，对不甚健康的食品的柔性约束要强于家长们严厉、频繁的管制——你可以称它"柔性约束"——大可为一种孩子们朝着健康饮食行进的制胜路径。澳大利亚专家罗斯玛丽·史丹顿也认为："没有什么食物可以被妖魔化。每一种食物在一些时候都是 OK 的。尽管如此，注意'一些时候'，它对一个 3 岁的小孩儿来说是一个不适当的术语，3 岁小孩子总是认为'一些时候'就是'现在'。耶鲁大学医学院院长大卫·L. 卡茨博士告诉我，'弹性约束'是一个适用于所有食物的自然结果。一切关于饮食的努力尝试在你体会到热爱食物而食物也回馈你很多的时候，这些尝试则倾向于不复存在。"在新德里，一流肥胖症和糖尿病专家阿奴朴·米斯拉教授和希玛·古拉提博士对我们说："极为严厉的管控只会增强孩子对垃圾食品的渴望。而弹性约束就好得多，因为它教会孩子们自律，这也会惠及他们一生。"宾夕法尼亚州营养师詹妮弗·欧蕾·费舍尔曾经说："观察孩子们吃什么没错，只要确信他们吃得好。但若是你打算推崇一种好的饮食习惯，选择柔和又明智做法可能比严厉的要好。"

旨在强调乐趣

回到北海道的家冶樱育儿学校，营养专家高桥女士告诉她的伙伴日本妈妈们，她认为在培育健康宝宝这一课题中至为关键、自己以前未发现的观念："最重要的事是你的孩子得在吃中获得乐趣，并且盼望吃饭时间快快到来。享受美食和让孩子在吃饭中发挥自己的主观能动性——这是孩子健康成长的重要秘诀。"

经验是：践行弹性约束，不做严格的食物限制或将食物妖魔化。

秘密三
激励孩子享受新食物

温和鼓励孩子尝试各种各样健康食品，
包括多种不同的水果和蔬菜。

———————

父母以身作则，子女有样学样。

——日本谚语

你正在自家餐桌边，已经准备好了盛在美艳大碗里的一碗蒸菠菜。你期待孩子有一天能够养成吃健康食品的习惯，并且，你已经打定主意今天就是"有一天"，就从今天开始，从现在开始。"吃吃看，"你跟孩子说，"很好吃。对你有好处！"孩子看了一眼菜，把小脸皱成个包子。"快来嘛，"你恳求她，"真的很好吃！"

"我不！没门儿。"她把小嘴巴闭得紧紧的，小胳膊环抱着自己的身体，拼命摇头。她的反应正是自古以来人类对苦难和潜在毒素的本能反应。要么她也可能与她的那些面对同样情形的同学们——比如早些时候，别人也发现自己的午餐便当盒里满是绿叶子蔬菜——休戚与共，一起抵制。不管，我就是不吃。罗马不是一天筑成的，菠菜也不是一天就能被吃掉的。

　　这样的场景一天中会重复无数遍，世界各地，日本也不例外。这真是个不幸却不争的事实：孩子们最爱吃的东西通常就是最没有营养的东西。法国、德国和美国等国进行的跨文化儿童调查显示，孩子们普遍最喜爱的食品为：炸薯条、巧克力、比萨、蛋糕和冰激凌；而普遍最不喜欢的食品为：蔬菜。许多儿童似乎遭受专家们所谓的"恐新症"，吃个蔬菜简直跟受苦受难一样，要么就是很勉强地尝上一口他们并不熟悉的食物——多发于两岁小朋友，这种状况到学龄前左右才逐渐好转。

铺砌一条健康饮食之路

　　然后怎么样？会起作用吗？我怎么才能真的说服我们的孩子吃得最健康？你怎么才能劝孩子吃健康食品并且采用类似于日本那样的——摄入更少热量，吸收更多像鱼和蔬菜那样的好东西——这就是健康饮食模式？如何去影响孩子并使他们的生活方式产生积极有效的改变？

　　首先，这看上去简直就是不可能完成的任务。我们得面对这一点，作为家长，我们活在现实世界中，现实世界中的孩子们从遗传工程学角度讲就是不爱吃蔬菜，他们爱吃比萨、饼干和怎么也不嫌多的糖；这个现实世界中，孩子们被快餐广告狂轰滥炸，不健康的食物选择和坏榜样比比皆是；在这个世界，日常锻炼看起来似乎也是不可能的；在这个世界，许许多多家庭只剩睡觉的时间，第二天一早还得按点出门上班，哪里有时间在家里煮饭做菜。

日本，与其他发达国家相比，是将儿童置于一个整体上都比较健康的饮食模式之中，无论是在家吃，在学校吃，还是出去吃。但是在许多西方国家和西式的饮食文化中，文化和社会关系上的偏见致使儿童可能觉得违背更健康的饮食模式看起来更好，所以众多家长得加把劲，多加加油了。在英、美两国，举个例子来说，很多父母根本没时间，或者说没有动力在家里煮东西吃，所以加工好的半成品——通常都不太健康——便理所当然地占据了家里的餐桌。

现实尽管如此不堪，所幸仍有些好消息。

孩子长寿从新食物开始

宾夕法尼亚大学伦敦学院的食品研究实验室的研究团队一直致力于如何影响及帮助孩子喜欢一种很像日本模式或其他更健康、更传统的饮食模式——含更多蔬菜制品，更多鱼类和更易消耗热量。

科学家们正在试图回答一个精细复杂且难度十分大的问题：我们怎么才能让小孩爱上各种各样健康食品？解决的办法非同小可。研究已经发现，2 岁至 8 岁的儿童吃过的健康食物，将直接影响孩子未来的身体健康。2007 年 8 月《饮食和营养》的一篇论文《曝光健康饮食在童年期的重要性》研究提出："越早和越多接触健康食品的孩子，饮食上越健康。"

科学家们遇到了一连串常常叫人惊奇不已的结论，许多日本儿童已经知晓并在日常生活经历过了，因为日本的父母自打婴儿降生以后，整个家庭采取的都是总体来说十分健康的饮食模式。此研究实为新兴科学，还需要很多实践，但它给大家的提示是：

- 孩子们对食物的好恶会随着时间的推移而发生改变，父母们可以温和地给孩子掌掌舵，使其朝着更健康的模式进行，让孩子们有多种多样的健康食物选择，并且自己要以身作则。
- 越早和越多尝试健康食物，孩子童年期的饮食就越健康。让孩子不断尝试新食物品种可引导他愿意尝试更多、吃更多并喜欢这么做。绝大多数大孩子的家长已经知道这一点，许多母亲们也已经自己身先士卒这么做了。洞悉这一点会激励你继续引导孩子在他们的童年期有更多新的尝试，因为他们的口味可成人化、扩大化，并且会长期改变直到他们长大成人。

米兰大学希尔维亚·斯卡廖尼和他的同事们在 2010 年的报纸上发表文章称，父母在用餐时间给予孩子丰富的食物、促进双方互动，并且自己以身作则，可减少甚至扭转他们的孩子不爱某种食物的情况。他们还强调"研究表明越早和越多尝试新食物，孩子的饮食就越健康"。一项研究指出，食物"恐新症"，或是惧怕新事物，不喜欢一些食物，往往和 8 岁前未尝试过这些食物有关。

如果父母"放弃"将孩子置于他们不熟悉的食物环境中，他们可能会对尝试新食物有更强烈的厌恶感。一种食物被他们接受要花很长的工夫，理论上，要在早期。培养得早，2 ～ 6 岁的孩子吃蔬菜、水果便会更频繁。给他们一种新食物，是他们熟悉的口味，比如一点点番茄酱或是咖喱，便可提高孩子们多吃它们的兴趣。这一实践可以贯穿整个童年期，并使孩子终身喜爱尝试新品。就像我奶奶常常说的，很带着点儿日本民间智慧的那句话一样："一餐鲜，可延年。"

何时开始才是对的开始?

断奶后引入新食物，特别是蔬菜，实为最佳开启时间。在 5～7个月间，对新食物的很多早期反应均为积极正面的，甚至口感酸苦的食物都能被小儿接受。食物恐新症差不多要在两岁左右开始出现，同时出现的可能还有食物品种缺乏及品质缺乏。

应该只给婴儿一种新食物，让他们吃进去并很快喜欢上这种新食物；两岁以上的孩子则要加量——一项研究显示，7～9岁和 10～12岁的孩子起码要尝试20种以上的新食物。只是众多父母还是放弃得过早。欧洲公共健康营养网于2006年发文:

> 辅食于初始时对儿童来说都是陌生的，在辅食喂养阶段重复不断地让孩子接触新食物是为了建立一种接纳健康食物的模式。一直增加到最少有8～10种新品，俟12～15岁之后显著增加至12～15种。

这样做的意义何在? 将以上研究数据转换成给妈妈们的"大白话"建议:

- 不要放弃! 持续不断给孩子尝新，但不施加任何压力。
- 让孩子们看到你自己很喜欢这些又新奇又健康的食物。
- 谨记孩子的口味是会改变的，没准儿今天他们讨厌的，明天就变得愿意尝试，甚至无比喜欢了。
- 帮助孩子敢于冒险、尝试，你可以将混合蔬菜，比如蔬菜杂烩（要不就试试本书末的日式菜谱），或是来一些蔬菜汤，这样一来，菜品会比清汤寡水的上来一道菜来得更美味、更叫人兴奋。

一家人吃什么，孩子就吃什么

为具备吃家庭料理能力的孩子单独准备与家人不一样的"儿童餐"往往是个坏主意，会无心推迟和劝阻孩子合上整个家庭用餐的节拍。重复又温和地将新食物送到孩子面前，并且以身作则、做出榜样来会比强制或施压更有效。日本、亚洲各国、地中海国家、英国或者其他欧洲保有健康"传统"方式的地方，"儿童食谱"和"儿童餐"是不可能成功的——家里吃什么，孩子就吃什么，直到他们发育完全。记得努力尝试，不要太早放弃。

研究者詹妮弗·S.萨维奇，詹妮弗·欧蕾·费舍尔和琳恩·伯奇在 2007 年春季《国际法医学杂志》的一篇论文《父母在子女青春期时的进餐行为影响》中总结出："新食物需要介绍 10 ～ 16 次才可被学龄前儿童接受及认可。同时，只是简单给出的新餐将不会使其产生什么好感；使儿童尝试新食物是整个进程中相当重要的一部分。意识到他们接受新食物也是很重要的，因为差不多有四分之一家里有婴儿和小孩的父母们，都会（只）试一两回就武断得出他们家孩子对食物喜欢或不喜欢的结论。"

如何让孩子吃或试吃

我们回到餐桌，回到那个孩子还没吃掉的菠菜上去。

引导孩子实行健康饮食模式的一个最关键因素，就是让他／她试吃各种各样的新食物，如果你一直面临着如此巨大的挑战——这时候应该怎么办？如果你已经无数次引导孩子，可她还是打定主意不想尝一尝，你怎样才能将食物送进他们的口中，让他们最终好歹吃上一口？打开天窗说亮话吧，不少专家对这事儿有看法。举例来说，备受推崇和尊敬的营养及心理诊疗师艾琳·塞特认为这是责任划分的问题。父母的责任在于给孩子挑选和准备食物，而孩子的责任是决定吃多少和在给出的备选食物中选择吃哪个。实际上，塞特认为父母喜欢的食物孩子们也会喜欢，但若是父母施压或将自己的喜好强加给孩子，试图控制孩子的口味，那么就会失败。

日本、英国及其他地方的许多妈妈们已经发现，孩子可能就是不喜欢吃简单、平淡的蔬菜本身，但是他们会吃换种方式烹煮的蔬菜，或者在整个进食中吃掉一部分蔬菜——富含蔬菜元素的番茄酱、素汉堡、蔬果压榨制成的冰沙、烤红薯、炸薯条或薯片那样的小菜或零食，他们就都吃。一些日本妈妈会把切碎的鱼、肉和各种蔬菜烩在一起，混进香喷喷的米饭中让孩子们尽享其饮食乐趣。

还有一种迷人的新方法也有助于在全无压力的环境下让孩子试吃新食，一种以英国伦敦大学学院露茜·库克博士及她的同事们引领的新方法。库克博士致力于研究儿童的饮食习惯超过20年，她称这种方法为"小小口"法，你可以设想这种方法就像给孩子们试吃新品时给到的一种"聪明奖励"，其法是将某些孩子们喜闻乐见的事物予以精当合理的应用，比如贴纸。

在最初得知库克博士运用贴纸这种温和、低调（不显山不露水），有趣的东西作为聪明奖励，去帮助孩子们试吃新食物的想法时，我莞尔一笑。我想起自己在日本度过的童年时光，在那里我和几百万其他日本儿童，在每一年暑假，参加全国广播体操比赛时所获得的奖品就是贴纸。那个体操叫作"收音机运动"，至今仍然在日本广泛流传。

考虑这种方式会有助于孩子们顺利试吃新品蔬菜和水果，库克博士回顾了研究使用小奖品的情况，知道对孩子们使用奖励的方式在研究群体内会稍稍引起争议，因为奖励若过于意义重大便会渐渐破坏一个孩子具有的能动性。诚如她所言："奖励一定有助于孩子去做一些事情，但是又不能只是为了得奖才去做。"这一独创的解决加法就是用贴纸，不是为了喜欢吃某种食物而得到的奖励，而是愿意去尝试某种新食物并且告诉大人自己想法的孩子的奖励。决定到底喜不喜欢这种东西的权利完全在于孩子自己，而贴纸仅仅是对孩子们愿意去尝试新品的一种奖励。就算这孩子吃了又吐出来，他还是会得到一枚贴纸。库克和她的同事们注意到，"当以摄入为结果导向时，奖励的效果便会倾向于积极正向"，但是，若"以喜欢与否为结果导向时，其结果便喜忧参半"。因此，在这里强调的是尝试，而喜欢与否不是那么重要。

在一项对伦敦育儿学校里 3～6 岁的儿童所进行的为期 3 个月的研究中，"小小口"计划的研究成果令人印象深刻，喜欢包括胡萝卜、黄瓜、大白菜、甜椒、芹菜以及甜豌豆在内的多种不同新蔬菜的孩子们持续增加。这一研究结果被刊登在 2012 年 1 月的《美国临床营养学》杂志上，并且对这一计划是如何工作的做出了详细解释：

　　不同蔬菜可随着时间的推移慢慢给到孩子，但是父母应该在一定时间内（每14天为一周期）只集中给孩子一种。开始时，父母挑一款对孩子来说喜欢和熟悉程度都比较适中的新品让他们试吃。在每一天限定的具体的时间里（零食时间或就餐前），父母向孩子展示这种蔬菜（如果可能的话，请展示整棵蔬菜），跟他们讲讲这蔬菜是从哪里来的，或是怎么样生长的，然后就在孩子面前收拾备餐。其后父母要征求一下孩子的意愿，问他们想不想尝试一小片这种菜，不加任何作料，蘸汁或是调味品。每一次孩子吃了菜，父母便给孩子一个实实在在的非食物奖励（比如在表格上扣一个标记戳或是一张贴纸），也可以口头表扬一把。对同一种蔬菜重复此过程14天。

　　如果一个孩子拒绝尝试一种蔬菜或就是不喜欢它，父母们要做到中立公正。对孩子来说，它就像一个有趣的尝新游戏，还能得到一枚贴纸。

　　库克博士和她的同事们的报道称，研究中的大多数家长持正面意见，像"口味变了！""她吃了整整一根，还说'我喜欢吃芹菜'。""她得到了小贴纸。然后想再吃一块，说她爱吃。哇——"另一位家长说："这是我得到的最好的建议了。"这一"小小口"计划实为一种全新的、可操作性强的战略计划，有助于父母们为他们的孩子获得一种健康的饮食模式。

　　近来我也对儿子尝试了这种日式主张，帮助他试吃新餐，效果非常之好。真刀真枪用起来，它似乎是一种很温和又有效的方法。著名的儿童膳食研究专家琳恩·伯奇钟爱这一举措。她告诉我们："我认为这是一个很棒的主意；小孩子不愿意去尝新食物的一个原因是他们会害怕，认为这个新食物尝起来很糟。找到这种非强制性的办法来帮助孩子学会去尝，尝试新的东西之后，了解到这些食品也并不是那么糟。那么这件事便是往正确的方向迈出了一步。"

　　库克博士坚信"小小口"计划能够去除餐桌上的焦虑，因为餐桌上很容易变得混乱，产生焦虑。"有了这个办法，妈妈都确切知道她们做了些什么，孩子们也清清楚楚地知道自己做了些什么，谁也没必要不开心。如果今天行不通，妈妈和小孩都知道明天还可以再试。如果小孩把东西吐出来了，那也不用担心，没事儿的，只要他开口尝了就好。"库克博士相信该计划对于3岁以上的大多数小孩都管用，此计划详情参见网址：www.weightconcern.org.uk/tinytastes。

　　库克博士补充道："我认为，只要孩子们还喜欢贴纸，那么'小小口'计划就适用于各年龄段的孩子。不过一般来说，反复尝试一种食物，（不管有没有贴纸，或任何其他形式奖励措施）都会让任何一个年龄段的人对某一食物的喜欢程度有所增强。比方说，喜欢在咖啡里加糖的成年人，就会觉得不放糖的咖啡味道很差，但是他们10到15天内一直坚持喝不加糖的咖啡，他们最终会觉得不加糖的咖啡味道更好，这简直太神奇了！"

日本妈妈的 20 条小贴士

——帮助小孩子爱上健康饮食

根据我于各项采访中收集到的日本妈妈的评分，以及几位全球专家关于喂养小孩的意见，以下就是妈妈和爸爸经过验证的小贴士，能够帮助你的孩子享受更健康的食物。

1 没必要刻意将某食品称为"健康食品"：有一些耐人寻味的新研究指出，将食物加上"健康"或"能量食品"的标签可使孩子对其产生逆反心理。只要以富营养，少加工的膳食及食物中多含蔬菜、水果及五谷杂粮作为你居家的惯常饮食。

2 餐桌供应蔬菜汤和炒蔬菜作为常规之选——它们是家庭蔬菜摄取量的推进器，孩子们也爱吃。

3 不要妖魔化像饼干、薯片、冰激凌、甜食、蛋糕和玉米片等高卡路里 / 低营养价值的零食——只是别让这些东西进自己的家门，但也让孩子时不时地吃上一点点，最理想的是让它们远离自己的家。用一句日本谚语来说就是"你爱吃的食物里没有哪种是魔鬼"。

4 使蔬菜水果成为家里的日常小吃——试试将苹果、橘子 / 柑橘，香蕉切成片吃，胡萝卜、芹菜切成一小段，牛油果做成薄片，把烤红薯变成"薯片"。

5 将水果作为家里的日常甜品，为自己也为孩子。

6 厨房里储存各种各样的蔬菜水果，无论是新鲜的，冷冻的还是罐装的都好。

➡

7　将整根蔬菜或是混合杂菜放进意面、比萨酱汁和玉米饼里；将西葫芦或胡萝卜擦碎放进意大利肉酱面、砂锅菜、快餐包和松饼里头；剁碎蔬菜放进千层面，将土豆泥、炒好的蔬菜加进浓厚的肉汁，或炖或做汤均可。蔬菜可给所有菜肴在质地、营养和美味上添加精妙的一笔。它不是藏在儿童餐的盒子里，而是使进餐变得更具风味、更富配料元素。

8　许多蔬菜配上蘸汁或酱料更美味。试着给孩子一片生的或稍稍蒸过的西兰花，迷你胡萝卜、甜豌豆、芹菜、青椒或者菜花什么的，配上一碟用少许橄榄油、鹰嘴豆泥、无糖酸奶调制的蘸汁，或者沙拉酱。孩子们爱用手抓着东西吃，他们也爱蘸汁吃。

9　菜肴上桌或装饰餐盘时使用造型有趣的蔬菜片。

10　带孩子去市场，看各种各样的蔬菜，再让孩子选几种买回家去。

11　在准备、清洗食材和开饭时让孩子过来围观。可以买个图案有趣的围裙让孩子穿。

12　如果你有花园，就让孩子种些菜好了。没有花园的话，就在花盆或窗台上种些绿色植物，要么就在蛋壳或羊毛棉布衬垫上培育水芹——他们甚至可以用浅口塑料箱子、鹅卵石或小石头自造一个花园。

13　你逛超市时，让孩子选出全家要尝试的新食品。

14　给孩子健康食品时一如平日、轻松又常规。

➡

15　保持进餐的美妙感觉。记得孩子的口味是会变化的，今天他们讨厌的，明天就有可能喜欢。

16　不要在孩子吃某种食物时施压，不要让吃饭演变成一场"战斗"，因为这将会使用餐变为一场情绪化的闹剧。提醒自己说总有什么东西他们是不打算吃的。

17　不用食物作为孩子表现好的奖励。

18　不要要求孩子把盘子里的食物通通吃光。

19　定好用餐时间，固定及有规律性，这会在家庭生活中形成仪式感。

20　尝试用不同的烹调方法，可将蔬菜用孩子喜闻乐见的方式带入进来，比如说烘焙。也让孩子试着生吃蔬菜。

秘密四
重新平衡家庭餐——日式风格家庭饮食

上餐时使用合适尺寸的小盘，
但是不许吝啬水果和蔬菜！

————————

小船挂小帆。

——日本谚语

2013 年，英国心脏基金会（BHF）发布了一篇报告，说现成食品的平均餐量造成了肥胖危机，并且与较前 20 年相比，业已到了"无法控制"的地步：咖喱鸡肉饭多了 53%；牧羊人派差不多是之前的 2 倍；意大利肉酱面多了 25%；通心粉和奶酪加量大于 39%；松脆饼，面包圈和蒜面包的涨幅为 20% ～ 30%。BHF 首席执行官西蒙·吉莱斯派说："我们强烈需要政府对英国的进食量出具一份调查。"苏姗·杰布博士，牛津大学饮食和人口健康学教授评论说："没办法回避我们食量巨大这一现实……我认为这其实很重要。如果你提供给人们大盘子、大碗、大量的食物，他们就是要吃得多。

他们不仅饭吃得多，还不觉得撑得慌呢，当然以后也减不下来。"

在英国、美国和很多其他国家，食品和餐饮公司间的竞争驱动着从业者提供更大的餐量，因此我们逐渐对到底应该有多大的进食量失去了控制。问题就出在直接摆在我们面前的食物数量和我们过度摄取的食物数量两者之间。"研究表明，人们倾向于被动进食过量25%，"科罗拉多大学詹姆斯·希尔教授如此解释道，"换句话说，就是吃掉一大碗意大利面中的 3/4，你可能就非常满足了。但是碗里如果还有多的，你也会吃了它。"

超级简便易行的解决之道

你去拜访一户日本人家，并且留下来吃晚餐，你会看见桌子上摆满了完全不同于你家的食物，但是近眼观瞧，你会发现大多数菜品用的是你日常生活中所习惯的同一种食材。这一点大约是很重要的一个不同吧，尽管这样：你会选一双筷子，碗碟会比你一向用的要小。一碗味噌汤会跟菜一起上来，多数食物都会被放在单独盛装的小碟子里。你会被鼓励着吃一口什么菜，然后另一个，然后是一些米饭，渐渐轻松自如轮换着每一个菜都吃一小口。肉的比例会比较小，而蔬菜的比例就很高。

日本食物在上餐时比较典型一点就是分量小，且单独盛装在自己的小盘里。因此，实际上还真没有主菜之说，虽额定了盘子大小却会让人有满足的多样口味和质感：米饭在饭碗里，汤碗里盛着味噌汤，淋上米醋的海带沙拉放在一只小碗里，盘中有一块鱼柳。像面条那样的食物带着浇头，泡在美味汤汁里，用一只比西方国家的小五到十分之一的碗盛着。

日餐所含总体卡路里比典型西方国家餐饮的含量要低，但它还是能够让人很有饱腹感。日式餐饮模式比西式饮食在各方面均较接近全球营养专家及权威人士所推崇的营养标准。日餐的餐量无论是家里家外，在过往的若干年都保持得相当稳定——饮食文化就是这样发展而来的。

以这种家常菜的呈现方式，日本可能给你的家庭及其他各个家庭都上了一课。它有助于激发孩子（和你自己）的健康潜能，用日式餐盘——小盘子装少量食物和餐量——重新调整整个家庭的膳食——但是绝对不吝惜水果和蔬菜的分量。

用新方式看待供餐

我建议你给自己家里比较大的餐盘放个假，将家常菜端上餐桌时代之以较小的日式餐盘，像小吃盘子和你已经有了的碗——差不多直径 10 ～ 15 厘米的盘子、3 ～ 10 厘米的碗，容量为 100 ～ 200 毫升为好。将其置于餐桌，家庭晚餐时使用的日式餐具能盛汤，一小碗糙米饭，4 个小盘用来盛炒蔬菜，烤红薯条，一份罐头装的阿拉斯加三文鱼（或者要么一份肉，要么一份豆腐），以及餐后水果。

给孩子使用较小的餐盘，这一简单却极其强大的想法深深吸引了邓肯·塞尔比，这位英格兰公共卫生局局长在 2004 年 10 月 2 日的《纽卡斯尔报》谈到会见了一个一直让孩子把盘中餐吃干净的妈妈："孩子（她儿子）在学校里属于超重的一员，这绝对是个大问题。"塞尔比这么写道，可应对这个问题最简单的"处方"就是吃饭时用小号餐盘。东北部的卫生健康专家都支持使用小一点的盘子，以此作为对抗日渐上升的肥胖症的战略。

此方法大可以在孩子们上学之前就开始尝试。我们在盖茨黑德与大量家庭见面时，看过了各个年龄段的孩子们，并且试着帮助全家人做出他们所期望的改变。用小餐盘吃东西实在是个极其重要的信息。一个 4 岁的孩子可不用吃得跟他 14 岁的哥哥一样多。小改变，大不同。

安·戴尔博士，盖茨黑德卫生（NHS）信托基金的儿科学专家说：

吃不健康的食物太容易过量，我们中的大多数人会乐于吃比人体所需更多的东西——我们就是普通人嘛。不知何故，我们不得不开始抗击这一事实，我们得支持所有家庭成员做出正确选择。我们要告诉大家一个孩子要吃多少，也要竭尽所能使全家人更加健康、充满活力。

使用较小餐盘的主意汇聚了其他饮食研究机构的多种动量。詹妮弗·欧蕾·费舍尔是坦普尔大学肥胖症研究教育中心及其家庭饮食实验室的执行官，她还是在儿童营养领域、食量控制方面世界领先的学术权威。她坚信如果一个孩子现在知道通过吃正确的食物和坚持好的生活方式就可保持健康体重，那么这个孩子将会具有超能优势可以活得更长且生活得更健康。费舍尔教授坚信家长们可做的最对的一件事，就是用小餐盘盛装食物给孩子，这样十分有助于他们的孩子迈向长寿健康之路。

你已经看到了，日本儿童吃饭时就使用小餐盘，不论在家还是在餐馆，总之不用超大号盘子就对了。

父母允许的话，儿童便会自我调节进食量

在一系列针对千百位 2 ～ 13 岁儿童进行的实验中，费舍尔教授和她的同事们在食品研究界已经开启了一系列日式风格的见解和观点，是为她称颂的"研究所支持的，妈妈们实践过的方针策略"，显明较小餐量和较小餐盘或可给你的孩子至关紧要的健康利好。对于孩子们，她还发现，当给他们大人使用的器皿时，他们好像也不愿意给自己大量的饭菜。她认为给孩子使用较小的餐盘，于合适的时机可有助于保证其进食量，拥有好胃口。

费舍尔建议鼓励孩子开始吃饭的时候选用小餐具，然后再按所需增加饭量（如果他们还觉得饿的话），并且让孩子自己给自己添饭。要允许低龄儿童自主决定要吃多少。

还有更多在儿童和进餐量这一课题上更多的研究成果。琳恩·伯奇和她的同事在 2007 年 3 月号的《国际法医学杂志》上刊登的《父母在子女青春期时的进餐行为影响》文章中指出，大进餐量会促使两岁儿童更多摄取能量。他们发现，当给到学龄前儿童正餐量的两倍量时，孩子们会较之他们这个年龄段的饭量多吃 25 ～ 29%，而孩子们实际上吃的只是小一号餐量的 2/3，并且不会意识到餐食增加。作者指出了一个显而易见但又极其重要的观点："成年人跟儿童一样，一旦上来的食物特多，那他们吃得也多。"

露茜·库克博士告诉我们研究中持续增长的观测效果：随着时间的推移，孩子们可能会失去他们精确计量合适进食量的能力。在

他们很小的时候，能自我调节自己要吃多少东西，以便在得到过多食物时就自动不吃了。但到了他们5岁时，这种自我调节能力仿佛消失不见了，他们看见东西在那儿就会一个劲儿地吃下去。库克说，在研究人员中开始有一种推测，就是配方奶喂养的宝宝比母乳喂养的宝宝要重一些，因为前者无意中就会被过度喂养。还有新生儿也会得到比其需要的多太多的食物，并且这一影响会绑定直到他们长大。其后果包括较大一些的孩子说要把盘中餐通通吃光的情况。母乳喂养的宝宝恰恰相反，当他们吃饱喝足，会自动脱离开母亲的胸膛，父母也不会让他们再去吃更多。宝宝因此能够自我调节进食量，而吃配方奶的宝宝就不能。父母需要了解的重要一点是孩子能够自我调节。孩子们知道需要吃多少，父母得给予他们信任。

欲知更多关于早期喂养的详情，请参见本书附录一和附录三。

想要最健康饮食，就少吃加工过的食物

虽然儿童期肥胖专家大卫·L.卡茨博士同意上餐时使用小餐盘，对他来说优先级更靠前的却是桌子都摆着什么食物。他指出，有益健康的、最少加工过的食品就是自我调节。这有助于我们虽吃饱了却只摄取较少的卡路里，但是就他本身而言，餐具如何使用相较于食物美不美味，实在不是个大问题。

以蔬菜作头盘

宾夕法尼亚州立大学对72名3～5岁的儿童进行研究，发现正餐一开始就上蔬菜汤的方式，对于推进儿童蔬菜摄取量和减少整体卡路里摄入量十分有效。(《头盘就提供大量蔬菜汤可影响儿童体能

和蔬菜摄入量》，2011 年 8 月《食欲》杂志。）

　　宾夕法尼亚州立大学另一项对 51 个年龄在 3 ～ 6 岁儿童所进行的研究中，研究人员发现，学龄前儿童正餐增加蔬菜食用量可有效使他们多吃蔬菜。他们推荐育儿者在小朋友间推行较大量消耗蔬菜，进餐时就用大号的餐盘装上蔬菜。（《先吃蔬菜：为学龄前儿童提供大量蔬菜可增加其对蔬菜的摄取》，《美国临床营养学杂志》，2010 年 5 月。）

　　根据《食欲》杂志 2014 年一篇由 RAND 研究员罗兰德·斯德姆所著的论文，有几种策略承诺可提高儿童控制餐量能力，包括使用小直径体积的餐盘，减少总体上看电视和其他电子设备屏幕的时间，减少或杜绝一边看电视 / 或一边盯着别的电子设备一边吃饭的情况发生。

记得不是每一天或每一周

　　澳大利亚营养学家罗斯玛丽·斯丹顿告诉我们，正确的进食量大小因孩子不同而各异，甚至根据孩子成长模式，下一周与这一周就不一样了。没错，那么，就开始小进食量模式，但允许孩子想吃多些的要求。这一建议当然假定家庭饮食模式极富营养，包含更多谷物和植物基食品，少加工过的食品，少糖，少盐。斯丹顿补充说，食品要多样化，但是里头可不包括垃圾食品，因为孩子长身体的时候就是需要更多食物加上更多营养。如果一个孩子拒吃你准备的健康食物，那也不给他们吃垃圾食品，这，很重要。

　　要允许小一些的孩子自己吃饭，这意味着他们可自我调节食量，还可有一些包括社交和运动技能在内的其他好处，这一点可在

2013 年 4 月发表在《儿科学》杂志的一篇名为《盘子尺寸及儿童食欲：大号餐具在自食和摄入量方面的影响》的文章中明白无误地读到。尽管这样，还是要提请大家注意，如果你在大餐盘里装满食物，即使儿童自己吃，他们也有可能吃得过多。

　　小贴士：饭间给一碗肉汤打底的清汤或蔬菜汤，用小餐盘上菜——但绝不吝惜蔬菜！

秘密五
激励孩子享受日常运动

鼓励家庭成员们享受每日最少
60 分钟的中等强度体育锻炼

———

缺乏运动会破坏每个人的良好状态，而运动和有条不紊地进行体育锻炼，可以挽救和保持这一良好状态。

——柏拉图

整个日本，在每一个上学的日子，百万日本儿童会做一些使健康受益无穷的好事情。这些事简单易行到你和你的孩子明天就能开始。他们会从家里走着去学校，再从学校走回家。太多人都这么做。去学校的每一天都如此，比其他发达国家的孩子走得更多。

健康行走每一天

这一极为简单、有效、强度也不过分的体育锻炼易于被孩子们接受，一天又一天，一年又一年，被健康专家们广泛推崇着——儿童需要进行每日 60 分钟中等到高强度的活动——甚至在其他体育运动时间加进来之前就应该保有。这种运动量也是日本小孩被预估为在地球上享受最长、最健康生活的孩子。日本是一个高度城市化的发达国家，所以在这个国家里有众多安全性高的人行道和小径可供步行。

我的孩提时代是在川崎度过的，那时候就已经与其他成千上万的小朋友一样，做过两件促进健康的事情了。第一件事如前所述，要是我们都做了"收音机运动"或者叫作广播体操的话，那么就会得到一个"聪明奖"。暑假期间，每天早上 6 点 30，我们都会去离家很近、指定的公共区域参加 10 分钟的活动。每日只要做过这样的活动，都会收获一个"奖励戳"。第二件事，从 4 岁到 12 岁，我都是走路上下学，差不多每天都要走二三英里。

到今天已经过去许多年了，当谈到体育锻炼这个话题，乍一看日本儿童跟西方国家的孩子并没有很大不同，每天都有上百万的孩子去上学，在学校里他们也会有课间休息，有体育课，然后放学回家再学习，做功课，玩耍，看电视，玩玩电子游戏。但是走近观瞧，你便会发现一个很大的不同，并且这一大不同给予了他们巨大的健康优势。日本儿童喜欢常规易行的体育活动，这些活动内置于他们的日常生活之中，日本小孩很少乘校车上下学。我的外甥（17 岁）和外甥女（15 岁）每天也都是走路上学，单边行程差不多半英里，而另一个外甥女则要走 1 英里。

今天，大多数日本儿童都进行着两个主要活动：超过 75% 的人仍然参加"收音机运动"，因为参加体育锻炼而获得学校发的有趣又实在的小小奖励，其中有近 98% 的孩子走路上学。信不信由你，社区的网络构建可保障日本儿童走路去学校安全、普遍，孩子们自动自觉潜移默化地受着传统文化的影响。七八岁的小孩们互相结着伴，根本不用家长陪伴，自己走着就去学校了，大人们通常会充当志愿者，在路上隔一段距离就站个人护卫查看。

实际上，精当安排策划的全国走路上学的安全体系和小到各个社区的监督管理自 1953 年起就已经实施了。日本儿童步行上下学的时间，平均每天 60 分钟。凌驾于此之上的，许多日本学校也会全天都给到孩子们休息和活动的课间时间，以便他们能够重新集中精力、充充电。

忆往昔

在过去，据我所知，英国的大多数孩子去的是他们当地的小学。那时候道路也不太繁忙，如果距离可以的话，走路上学也是常态。即使到今天，还有许多小孩也是走路或者搭乘公共交通系统去学校，而后者会要求孩子们自己走路到公车站或者地铁站。不过，对于许多家庭来说，事情还是发生了许多确确实实的变化。很多家长会因为担心道路太过繁忙或是对儿童绑架的恐惧，他们不会允许孩子在无大人陪同的情况下自己走路上学。并且现在英国也不保证能让孩童就近入学，在这种情况下，孩子的家长便会更多选择由家长开车送孩子去学校。对于居住在乡间的小孩，几乎可以肯定地说，他们是需要搭乘校车，或由家长驾车送至学校的。

日本的系统运作则是完全不同的另一个样子，大多数孩子能够走路去上学，在公共健康系统运行上就是一个胜利。大多数日本小孩也符合了每日小孩子需要有平均 60 分钟中度活动筋骨时间的推荐标准。事实上，日本小孩仅仅就走路上学这一项就使孩子活动了 60 分钟时间，因为步行被计为中等强度的活动。步行在各种活动中是最好的一种形式，因为它简便易行又有效，且通常不会造成伤害。

论玩耍的重要性

那玩耍呢？在学校里玩耍的时间对孩子们来说是一个四处走走、做游戏和放风发泄的大好机会。可不是么，儿童一旦进入青春期，他们可能就不那么想再在课间休息时满世界乱跑和做运动了。也许对于家长来说，倒是值得考虑一下去找找学校，请求学校多给我们的孩子一些机会活动活动，因为这些活动对于孩子们来说可能是他们喜欢的。我在本书之后的篇章里会提供一些方式方法。

这其中的智慧，已明确被研究证实。小男生和小女生，从其生理构造来说适合于动、跑、跳。当他们这么做的时候，他们在学校里功课会更好，精力更集中，人也变得更加开心。这样的生活方式（习惯）有益健康，可能有助于孩子们最长寿、最快乐、最健康，因此运动是非常关键的。

"走路或骑自行车上学的孩子，比那些乘坐交通工具的孩子，具有更高的常规活动水平及更佳的心血管健康。"克丽丝汀·K.戴维森博士，杰西卡·沃德尔哲学硕士和凯瑟琳·T.劳森博士所著发表于 2008 年 7 月《预防慢性病》杂志的文章如此说。

尽管没有足够强的证据表明搭乘交通工具会降低身高体重指数（BMI）（是用体重公斤数除以身高米数平方得出的数字），

研究表明走路去学校对健康的益处为：增加孩子间的体力活动量，心血管更健康，可降低患冠心病、中风、心血管疾病和癌症的风险。

在一篇题为《在日本走路去上学以及预防儿童肥胖症：从老政策中来的新经验》、发表于 2012 年 11 月的《美国公共健康杂志》的文章中，研究人员渚森、弗兰西斯科·阿曼达、D. 格列格·威尔考克斯发现，日本与其他同等收入水平的国家相比，走路或是骑自行车去学校的孩子有着异乎寻常的高比例（98.3%）。研究者也将这一身体活动与日本儿童肥胖率如此之低有机地关联在一起。

美国人提倡走路去上学的时候，玛戈·佩德罗索在从东京返回时做出如下报道：

我们在旅途中遇见的父母谈起走路去上学在日本根本就是一项基本生活准则，并且他们的小路不能容纳公共交通工具，这也致使大家没法开车送孩子去学校。他们非常重视子女学会如何认识家附近的道路并且学会独立……日本父母也同样非常关心"陌生人的危险"。但他们处理这种担心的方式是努力创造并接近全员性地普遍参与"看着路"这一自愿关注体系，给孩子们一条安全的去学校的路径。社区里的许多父母要工作或者一时没法参与护路行动，退休的大人便走上街头填空补缺，一起关注孩子们的行走安全。在日本，所有儿童在幼儿园时就已被教授了如何行走的安全技能，孩子们会结队走路去学校从而实践这些技能。小学生则会在学校学到怎么认识其他小路及应该在哪里中转。在美国（我敢打赌英国也是一样），孩子在骑自行车和行走技能等课程中定会受益匪浅。最后一点是，日本清晰阐明其体系是"人多势众"现象。因为几百个孩子在同一时间走着去学校，任何一个司机离老远都能瞧得清清楚楚。

行走的"校车"

尽管日本作为摩登时代走路上学的急先锋已有超过 60 年历史了，但是现今也有很多发达国家正在推行步行上学的战术，以此来推进松筋动骨的身体活动，同时也是与儿童肥胖宣战。全球范围内，在奥克兰、伦敦、渥太华、佛罗里达、加州、新加坡……为让孩子们走路上学成为风气，由政府和学校资助的"行走的校车"如雨后春笋一般出现。这项全球性运动，已经有了一个非常美好的开端，我也希望它今后的势头不减，有更多国家加入进来。斯堪的纳维亚和北欧的孩子在这方面也是超级巨星。举例来说，在芬兰这样的教育龙头国家里，将近 75% 的小孩走路上学。在纽约，我自己的儿子最近刚满 7 岁，我们也开始越来越多陪伴他步行走上一段路去学校，效果着实喜人。他到了学校完全清醒了，再不打瞌睡，精神振奋。在路上我们聊得也挺开心，而且在路上也会碰见其他也在做着同样事情的家长们。走路上学这件事真的变成了十分欢快的"行走的校车"。

生活中的运动为健康和成就设定标准

据美国心脏学会报告，不爱运动的孩子更有可能变成不爱运动的成人，然而，多活动活动能够帮助人们控制体重，降低血压，累积高密度脂蛋白胆固醇（好胆固醇），降低患糖尿病及某类癌症风险，同时有助于改善包括增强自信、自尊等心理健康。

世界卫生组织也补充说，5～17岁这个年龄段程度合适的松筋动骨活动，会为将来的健康骨骼、肌肉和关节的发育做出贡献，同时也会给人带来健康的心血管系统，运动的协调性，而且会改善诸如焦虑，抑郁等等症状，也为孩子的自我表达能力，社交，以及融入社会的能力提供锻炼机会。

美国国家医学研究院（US Institute of Medicine）指出，这种常规的运动不仅仅带来身体上的益处，同时也带来精神上的益处，包括能够改善孩子的情绪，并且在改善他们的敏锐度，注意力和能动性上大有好处，使他们在学校里的表现得到一个大的提升，同时有助于建立新的神经通路。美国国家医学研究院的研究员对儿童的强身健体计划做过一个测试，并且总结出多运动确实在孩子们的学业上也是有所帮助的结论。由德州大学传染病学教授哈罗德·科尔牵头的一项对8～9岁年龄组儿童的研究，在2014年7月对美国之音做了如下陈述：

近五六年间，证据真的开始涌现……在认知科学、脑成像和其他方面研究表明，有一两项体育活动可为脑部中心区域提供丰富血液，会帮助孩子更快速地回忆及更敏捷地思考。

科尔确信，通常说来常常活动的小孩比不活动的孩子更能够获取充分的学术潜能。伊利诺伊大学查尔斯·希尔曼教授在另外一个近期研究中（《健康势能儿童在执行控制和脑功能方面随机控制试验的效果》,《儿科学》2014 年，9 月）也得出了相似结论：在运动锻炼组中的儿童更加能够享有执行功能和"注意力抑制"，能筛选出不相关的信息，从而更加专注于手头的工作。

英国医务长于 2011 年发布了堪称划时代的报告，题目为《开始运动，一直运动：有关于四国体力活动有益身体健康的报告》，在报告中他推荐，5 岁以下的儿童应该被鼓励从出生后几个月起就开始在安全的环境下——地面或水中——玩耍，当他们开始四处走动的时候，就鼓励他们参加移动性的活动，尽量避免长时间坐卧不动，除非是在睡觉的时候。所有 5 ～ 18 岁的孩子，都应该有这样一个目标，就是每天要参加至少 60 分钟（或高达几小时的）中高强度活动，而且应将久坐不动的情形减至最少。这些推荐被英国最顶尖的医生一致认为是对孩子和年轻人的身心健康大有裨益的。

活动好玩就活动得更多

孩子喜欢玩对他们来说是相当自然的一件事情，只要给机会，他们就会找到各种各样的玩法。这样的玩耍是帮助他们跟朋友交流的最棒的方式，同时也能让孩子的身体更棒、更结实。

给孩子们许多机会让他们不管在家还是在家以外的地方，都可以跟朋友一块儿玩耍。如果有可能，你应该在花园等地方给孩子创造更有趣的玩耍方式，比如给他们一些盒子让他们钻来钻去，让他们踢球，夏天时让孩子们在充气泳池里尽情戏水。你应该看看学校里是不是也鼓励孩子们在操场上多活动，比如跳绳，捉迷藏，跳房子，或其他任何能用到跑或跳的游戏。

如果讲到称得上好或是基本全身都会动起来的运动，那么步行就是最棒的。如有可能，你也跟孩子一起走路上学，带着他们去遛狗，在公园、乡村小路上步行，或者带着他们走着去超市。

中等强度锻炼

只要动起来就是好事儿，但是增加一些中等强度的锻炼也是很有必要的。中等强度的有氧运动是指你动起来的时候，动到可使心率加快，并且流汗。一个鉴别你是否达到中等强度的标准，就是你还能说话，但是边跑边跳的时候你可能唱首歌却哼不出来歌词了。鼓励孩子滑板车或者骑自行车，去学滑板和旱冰。把小孩子带到户外运动公园或是冒险乐园，在那里会有绳梯、树屋或是悬索桥——可以荡来荡去、又可以爬、又可以扭来扭去的设施。或者可以出去步行的时候，将速度加快也可以。

高强度锻炼

参加一些高强度锻炼也是很有必要的，此种运动可使你呼吸加重和加快，且心率也会大大加速。若以这种强度动起来的话，你每说几个字都得停下来喘口气。除开一些显而易见的体育运动之外——足球，青年英式橄榄球，网球，羽毛球，或者英式篮球——还有其他一些也很吸引年轻人和孩子，但不那么具有运动意味的活动：很多孩子喜欢在游泳池里乱扑腾水或是学习游泳，他们也许会喜欢参加一些传统的芭蕾舞课、现代舞之类的课程，要不就是学学跑步和像跆拳道那样的武术。对于学前班的小孩，你若能找到一些体操班，也一样可以非常有趣。

塑造肌肉的活动锻炼

所有孩子们过去玩过的传统游戏都是非常好的锻炼，能够帮助他们进行力量锻炼，提高身体协调性。对年轻人来说，那些加强肌肉力量的活动，都是要求把自己的身体拔高，同时再进行一些力量性的训练，比如爬绳子。当孩子长大一点，他们通常会很喜欢拔河，或在操场上的攀架上摆荡，做体操，爬绳子，爬树，或就是进行室内攀爬运动。上文提到的那些体育运动和活动，也能塑造肌肉和提高身体协调性。

去改变吧

如果让世界很多其他地方的孩子，也像日本孩子那样自己走路上学，现在还不太现实。或许你尝试着跟孩子一起走路去上学，哪怕只是一段路，哪怕一周里只有几天，聊胜于无么。要不你也可以在当地社区组织一个"走路去学校"活动。

尝试着鼓励你的孩子参加各种各样前文所提到的活动，以此来提高孩子们的活动和锻炼水平。

四处走动在生活中应该是必需的，但现如今却不太有这种机会，所以我们不得不创造出多一点的机会去四处走。学校也可以做很多很多鼓励学生参加有趣的体育活动这方面的工作。并非每个小孩子都喜欢参加这种有组织的锻炼活动，对他们而言，到操场上去玩那些无组织、无拘无束的活动是他们的最爱，还有跳舞，或者有氧课堂——这些有氧课堂不需要特殊的体育竞技能力。

或许应该要求校方允许我们把长摇绳带到学校去。跳大绳是以前好多孩子从小学就参加的一项活动，而且几乎所有的女孩子都跳过。恢复这种传统游戏是很有趣的，但是许多这样的游戏被学校禁止了，因为小孩子可能会因此摔倒、受伤。或许家长和学校都应更放松一些，多考虑一下松筋动骨的益处，而不是总担心偶尔会把膝盖蹭破。我念小学的时候，课间和课后的活动都是开放式的、室外的、自由玩耍的活动。有的在学校操场玩爬杆、双杠、攀登架，有的在家附近的小山坡和空地上玩。

现在的孩子应该被鼓励去参加这种不那么形式化又无拘无束的室内（外）活动，在那里，他们可以选择最喜爱的项目，而成年人应该做的就是确保孩子们有一个安全的地方，可以玩。

你带头，管用

对成年人来说，很重要的显然是对孩子起到一个锻炼身体的模范带头作用。渥太华大学医学博士、家庭医学助理教授约尼·伏里朵夫注意到："一些想让孩子定时定期锻炼的父母大人，自己也应该做到定时定期锻炼。"澳大利亚营养学家罗斯玛丽·史丹顿也指出，全家的锻炼活动——像走路，做运动，游泳或跳舞——可让一家人更加亲密。耶鲁大学医学院的大卫·L.卡茨博士强调，锻炼活动好玩的地方是使"健康不再是件苦差事，而是个奖赏！"（更多详情请参见本书附录二。）

在我们家，几年前就决定要把家里所有带屏幕的物件电源都拔掉，将换来的时间用于在户外的操场上自由活动，玩一些像跑步、飞盘、打球、竞走等家庭运动。我们也参加了本地的志愿者项目，比如地膜覆盖和植树，往往都是在纽约中央公园——我们很幸运地就住在公园附近。我们的儿子——现在 7 岁了——非常喜欢跟我们一起参加以上各项活动。

我们也常常走路去发现这个城市。有一天，我们要去参加同学生日派对，家门外的某条路上，儿子建议下了地铁就别再搭公车了，可以在高线公园（Highline park）走一段。城市重建的这个地标性的线性公园，大约 1.5 英里长，构建于未使用过的货运列车铁路上。走在那样一个原生态城市铁路上，要多开心有多开心。一个夏天的傍晚，在开心的一天过后，我们在新建的美丽布鲁克林河谷公园，玩了水上乐园、沙场，把脚探进东河的迷你沙滩中，儿子说："咱们走过布鲁克林大桥（跨度 1 英里），走路回曼哈顿去吧。"在那样的场景驱策之下，我们真的那么做了。我们走进夕阳照耀下的城市天际线，微风吹拂着我们的头发，东河在下面翻涌。真是一个美丽升华又意想不到的经历——所有这一切都是来自行走！

我认为，这些只说明即使在大城市里，走路和去户外活动仍然会很有趣。如今英国的大多数地区都设有游玩区域和国家公园。

过一种在家、工作和学习之外的大部分时间"拔掉电源"的生活，比我们设想的要容易得多。这样的生活还神奇地超有意思，超级吸引人，超级让人喜欢，可比天天两眼盯着电子屏幕要舒服得多。

定期进行锻炼活动是一个会让你喜欢的家庭任务。动起来，每一天，开心又享受！

秘密六
养成家庭"打包式"生活方式

创建"打包式"的家庭环境，给予家人健康的食品和生活方式。
将全家人一起吃饭作为常规。健康，美味的烹饪模式开挂，
吃东西时为孩子起到表率作用。

早睡早起，一家人一起吃早餐。

家人一起吃，饭菜会更香。

——日本 Shokuiku（食物和营养教育）标语

在日本，对一个孩子来说享受健康的生活方式轻而易举。如前面章节所表述的，他们在家和其他地方吃的食物，与其他发达国家惯常的饮食模式相比，总体呈现的都是低卡路里和高营养值，并且可更有效填饱肚子。餐量较小，甜品比较不频繁且量也要少得多。大多数日本儿童每天走着去学校上课，此举带给他们的好处是，参加体育运动之前已经有了一定的身体锻炼和运动。

整个日本文化，即使业已高度现代化及偏西式，但仍旧很大程

度上保持着支持和引导孩子们朝着健康行为行进的国家社会结构。我也深切理解世界上其他很多地方，对保有儿童的身心健康相当困难。英、美及一些其他国家，电视里狂轰滥炸地播放着那些快餐厅和超市中大批不健康食品的广告。生活在纽约的我们正面临着同样的挑战，也许你也是。

对不健康食品给孩子的压力的解决办法

孩子们的常规饮食会被过高卡路里、加汽饮料和多糖添加的垃圾食品牺牲掉。在很多地方，都存在着儿童走路或骑车上学不那么安全的人行道或路线。原本孩子们可以享受锻炼活动的时间被大量的学校作业或电玩吞噬……同样的情况，在日本也出现。将整个人拴在自己的智能手机和压缩过的时间表上，父母和儿童会产生过多压力，急着赶时间，真没有留什么空隙给更健康的选择。

不过仍然还是有很棒的哺育健康孩童的日本式小秘密，几乎每一个适龄的日本学童都从中受益了。这是一个与日本占据世界健康奥林匹克长寿冠军宝座休戚相关的秘密。它对健康饮食，打扫清理，公共意识，与他人合作，常规教育等方面大有助益，实践性地将其植入一个孩子的 DNA 里。它给出经验教训，使得你可以在自己的家为孩子的健康从今天开始付诸实际的行动。

给孩子一个打包的生活方式的概念，并用健康的食品选择去打动他们。这是一系列看得见、植根于传统日本饮食实践的方法，但同时也反映了世界级领先科学家们基于最前沿研究成果所推荐的改善儿童健康的方法。

让学校餐今时不同以往

在日本，众多儿童每天都在学校吃中饭，这叫"学校提供伙食"（gakko kyushoku），却包含的不仅只是餐食本身。这个国家运行的学校著名的全国性的计划已经早于 60 年前就存在了，日本学校里的学龄儿童们被要求符合：

- 给他们一个每日午餐健康食物的固定之选。通常是新鲜和土生土长的食物。
- 给孩子介绍食物并告诉他们这些食物是如何生长出来的——许多学生被鼓励去参观当地农场，接受对草本植物最直观的教育。
- 帮助备餐，搬运并且轮流给其他同学发放食品。
- 按组别与其他同学一起进餐，以及与他们的家长在每天固定时间进餐。
- 帮助一起清理餐桌，碗盘。

日本学校把学生参与备餐、发放健康食品作为每日常规，这一方式可使孩子成为健康食品的拥趸。他们也不局限于仅仅是美味或健康的选择（这一点包括传统日本餐食，同时也有其他国家的菜品），不是自助餐的形式，"自由选择"之法在其他学校内十分普遍。整个学年里，一个孩子可能要尝试到源自全世界的菜品，比如韩餐的拌饭（米饭盖上肉和蔬菜）、唐杜里鸡、意大利肉酱面、意大利蔬菜汤。不健康食物完全不会出现在校餐中，要知道，孩子在学校的时间一天可有七八个小时。这个计划被校内营养师大力推崇。94% 的日本小学和中学都加入了这一校餐计划。

当我还是个小女孩儿的时候，在日本的学校里，我也是这一"kyushoku toban"或说"午餐小事儿"校餐计划系统中的一员。6 岁以上的同学，每天都有一个学生小组被指派做"午餐活儿"。学生们会轮值着戴上厨师帽，系上小围裙，从学校厨房的厨师、厨工那里为班上同学领取两三个午饭锅、一桶桶饮品、一个个托盘、盘子、碗和其他餐具，然后在教室而不是餐厅，为同学们分发热腾腾又有营养的午餐。吃好后，我们会互相帮助收拾清理剩下的饭菜，包括收集使用过的餐盘、杯子、锅和餐具，送回厨房，再擦干净桌子。"我们日本人管这叫作'在一个锅里吃饭'，"校长 Kimiko Koyasu 如此解释道，"不管你长到多大岁数，你都不会忘记在学校里吃饭的日子。"

以传统饮食为基础的平衡膳食

全国性的学校午餐计划最初是在日本战后经济千疮百孔的时期建立的，其初衷是为了给饥饿的孩子们以食物。2004 年以后，由于日本传统饮食习惯逐渐衰退，取而代之出现的是饮食紊乱、儿童期肥胖、不吃早餐和过度沉溺于垃圾食品等问题，因此国家立法通过了"shoku-iku"，或称食物教育，在学校教育的着重点也随之发生了改变。现在，据 2013 年《华盛顿邮报》所登载的奇科·哈兰和织田友希（Yuki Oda）的文章："日本学校提供给学生的餐食跟在家吃的没有什么区别……餐食通常从头到尾都是现做的，午餐搭配非常均衡，更加侧重米饭、蔬菜、鱼和汤，在过去的四五十年里，这一切没有发生多大改变。食物的选择面特别窄，学生们会拿到一模一样的餐食，如若有他们不吃的东西，那就不太走运了：学校里可没有自动售卖机。"

　　具有高档餐馆水准的学校午餐，大部分都是从当地采购食材，现做。这些午餐中只有极少量的油炸食品，而甜点除了水果和酸奶之外就没有什么了。据东京梅岛（Umejima）小学校长达治四野（Tatsuji Shino）说，这些午餐简直太棒了，学生家长会听到孩子们谈论在学校里都吃了什么，很香很好吃以至于被要求在家里再做给他们吃。有些家长也问询学校分享食谱。对于日本人来说，最能勾起他们童年回忆的就是这些"学校提供伙食"（Gakko-Kyushoku），因为这些能带给人们强烈的怀旧之感，会想起年轻时光他们在一起的互助合作及浓厚友谊。有些餐馆同样基于这一原因，也提供"学校伙食"（Kyushoku）。

　　食物教育已经成为日本学校美妙午餐计划中很大的一部分。它教会孩子欣赏大自然，因为大自然给我们带来了美好的食物，并且也教会孩子对种植、生产、烹饪的人的欣赏，培养关于营养、健康、烹调、餐桌礼仪、协作和社交的能力。此计划也鼓励孩子们走上终生养成健康好习惯的道路。学校也会邀请农民、食物专家和家长们到学校来举办讲座，孩子们也会上这样的课：避免去便利店买东西；选择日本传统膳食而不选快餐；早睡早起，记得吃早餐。

　　对"不吃早餐"的关注本身就非常重要。根据日本全国学术性学习能力一份针对11～12岁年龄段孩子的调查，结果显示吃早餐与在语文、数学考试中的学术表现之间有非常重要的关联。

关于生产食品的教育

　　孩子们也学到有关捕鱼、农业和食品生产行业，以及关于时令美食节的相关知识，还有蔬菜种植、食品历史、当地农民和家乡特色菜肴的知识。他们也学到了日本传统饮食模式"一汤三菜（ICHIJU-SANSAI）"的智慧：一个汤三个菜——我在前面章节解释过。很多学校也有小菜园子，在那里学生们可以种一些他们要吃的食材。

一位叫作丹妮尔·纳尔曼的加拿大记者最近去了日本学校参观，亲眼得见拥有倡导健康饮食和健康生活方式选择的打包式家庭及学校环境：

> 在位于东京郊区杉并区的三亚小学（Sanya），我看见一组学生拖拽着装满餐具的托盘和几大锅热腾腾的饭菜进到他们的教室。戴着雪白的厨师帽和清洁卫生用的口罩，他们迅速又自信地为老师和同学们将冒着热气的味噌汤舀到一个个碗里。在这里没法挑食。每一份拿到的午餐都一样，而且大家都要坐在课桌前一起吃。随后，一个小女生站起身来，做一件三亚小学每日必做的事情——她在同学们面前大声读出午餐食谱。餐后，学生们会画一些关于他们刚才吃到的食材的画儿，画完将其贴在墙上的日本地图上。如果当天画的是饱满深紫色的葡萄和姜片，便会很有眼光地置于出产这些的区域，以示图解说明本地出产的重要性。

"对我来说，最困难的是解释为什么只有我们能这么做，而其他国家就不行，"日本管理学校健康教育的执行长正弘王子（Masahiro Oji）解释说："日本的立足点是：学校午餐是教育的一个组成部分，这一点是断断不能更改的。"

一个烹饪梦想的成真

从前的某一天，在东京，一位叫作松本乘子（Tsuguko Matsumoto）的营养师，同时也是一位母亲，做了一个梦，记得她女儿还是小婴儿的时候，她曾经很是纠结如何去平衡工作和家庭。

在梦里，她重新研究了日本政府的营养学报告。下班回家，看见的最美好的场景就是她的小女儿穿着小围裙冲她说："妈咪，欢迎回家！我做好饭了！"她的梦醒了，但是她很想搞清楚："我怎么会把这个梦记得这么清楚？她将怎么灌输给她女儿，现在走个路还东倒西歪的女儿，如何明白带着爱和尊重去准备一餐健康的好饭，并且一直延续到成人？"

然后松本女士就决定要试着将她的梦想变为现实。她做的第一件事就是让她的孩子成为"厨房里的合作伙伴"。每天晚上，她回忆道："我让孩子在厨房的角落里玩，这样我能看得见她又能跟她说话。她开始会爬了，常常爬到水槽下面的那块地方去，把锅呀碗呀通通拉出来，用它们玩过家家，还用打蛋器乱敲它们。她不是很在意玩具，可是真心喜欢跟厨具餐具一起玩！"

"一旦她学会站了，我就让她站在小凳子上在水槽里玩水。她可喜欢洗菜择菜了。再大一点儿的时候，我会让她学着使刀。先是水果刀：我让她切黄瓜和西红柿。起初必须两眼盯住了，而且准备一顿饭要花挺长时间的。女儿学会切了之后，她真是让我惊奇呀，她熟练地使着刀切得飞快，却连一点小割伤都没有过。"她接着说："我让孩子跟我一起在厨房里待着时，她再不是做家务时的小麻烦、小障碍了，她慢慢儿变成我的好搭档了呢。"

不久，她回忆说："我们开始在周末时做一些烘焙。使用简单配方，但需要对原料称重、混合以及烘焙。我们把报纸铺在厨房的地板上，播上迪士尼的曲子，然后就开动了。有些时候，知道没能做得更好，我也很失望。"

第二天，松本女士带了一些烘焙食物去她的办公室，因为太好吃了，她的同事们还写了感谢卡给她的小女儿"Gochiso-sama"（真不是盖的，简直就是盛宴！）。小姑娘兴奋得在家宣布"我要接着烤！"

后来，暑假里的一天，她女儿13岁了，松本女士的梦想成真了。

"妈咪，欢迎回家！"那孩子迎接她，"我做好晚饭了！"

迟一些的时候，她们班开设了有关种植蔬菜的课程。松本女士的父母是乡村农民，二老一致同意过去助阵。松本女士回忆道："他们给班上同学带了很多蔬菜，还有每一个农具的照片，以及刚收获的每一种蔬菜，像南瓜、茄子和芝麻。"作为回馈，学生们献上了一本记录食物教育心得的小册子。

➡

几年前，松本女士的妈妈把那本小册子寄给了她的小外孙女，还写了张短笺说："这几年我又一次重读了这些文章。再一次被孩子们字里行间的真情实感所感动。我感谢我的外孙女给予我的那次难忘经历。我想带着这个小册子去往另一个世界，所以请一定把它还给我。"

今天，松本女士接着说道："我女儿让我梦想成真了。她获得了真正的品鉴和技能。她的座右铭是'有趣地做，香香地吃，开心地开饭'。现在她上高中了。她最喜欢上的课就是烹饪课。烹调世界各国的菜系，并且已经在过去两年间试过超过40道菜了。她把烘焙好的食物带去学校，送给教师作为小吃和零食，也以这些日本家庭制作的美食让她的朋友们欢欢喜喜。她根本已经成为一个比我想象中更棒的女儿了。"

作为母亲，反思她这17年的食物教育岁月，松本女士意识到"食物"一词就像"要做一个好人"的书面语一样。她开心地说："我女儿学会了用食物给别人带去快乐。真要谢谢她。"

这一切都起源于一个梦和一个给两岁大的孩子去厨房角落玩耍的邀请。

松本女士和她女儿，以及千万日本学校里的千百万孩子，已经发现了全球性的可激发孩子和父母们的真知灼见：如果你让你的孩子们开始得早，并且给他们打包式的赞美健康食物选择的环境，他们就是可以吃得既健康又美味。

重在参与

把孩子领进厨房，就是把他们领上健康之路。这一观点得到了
2014 年 8 月《食欲》期刊对一组 6 ～ 10 岁孩子的一项研究的支持：
《让孩子和你一块儿备餐：对进餐的影响》。这些研究人员总结说，
当你和孩子一起准备食物的时候，能够让他们吃更多蔬菜。这项研
究还提到，鼓励家长带着孩子一起准备营养又均衡的餐食，是对改
善孩子们的饮食结构一项非常有价值的介入性措施。一家人围坐在
一起吃饭，对全球很多很多家庭，包括日本人家庭来说，都越来越
难实施。因为家长们下班时间越来越晚，学生课后的时间安排又多
处于高压状态，但是这一目标绝对是应该不惜任何代价去争取的，
因为它给孩子带来的潜在的健康益处是巨大的，下面举例来说：

- 2014 年 11 月《儿科学》期刊登载题为《儿童肥胖和家庭聚餐
  时的人际互动之关系》，文章称这种团体性的温暖和愉悦，加之
  共进家庭餐时父母方面积极的引导，此两点都与降低儿童期超
  重和肥胖有极为重要的关联。

- 普渡大学家庭中心的一项调查表明，80% 的家庭都非常重视家
  庭成员们一起进餐的时光，但只有 33% 的家庭能够每天都做
  到。调查发现，当家人在一起吃饭的时候，食物的质量会高得
  多，而且超重情况比较鲜见，语言、学校成绩、社交能力及家
  庭凝聚力都有显著提高，而且能有效减少冒险行为。

- 能力测试分数提高：伊利诺伊大学对 120 位 7 ～ 11 岁男孩和女
  孩的一项调查发现，那些在学校功课很好，以及在能力测试中
  成绩很好的孩子，通常都是有大量时间与家人共同进餐的。

- 更棒的在校表现：哥伦比亚大学国家成瘾及药物滥用中心（National Centre Addiction and Substance abuse）以及其他机构发现，全家一起进餐的频繁程度和学校成绩存在着极强的联系。

- 可能减少吸烟、喝酒或者使用毒品：辛辛那提儿童医院布莱克·伯登协调的一项以 527 名青少年为对象进行的研究课题，研究的目的是为了确定家庭生活及生活方式中有哪些特点是与好的精神健康和调适之间有关联。伯登医生发现，与家人一周至少一起吃 5 天晚餐的孩子，患上吸毒，抑郁，惹是生非的概率最低。

- 据哥伦比亚大学国家成瘾及药物滥用中心（CASA）调查，与每周和父母共进晚餐 6 到 7 次的孩子们相比，一周与父母共进晚餐只有 2 次或更少时间的，有高达 4 倍的可能性去吸烟，3 倍的可能性去吸大麻。这些与家人频繁进餐的青少年比起其他人，更不容易在年纪很轻的时候就发生性关系，或是打架斗殴；他们产生自杀想法的风险会比较低，并且在学校里也表现良好。常与家人共进晚餐的青少年更容易在情感上得到满足，在学校里的学习更加精进，与同学的关系也更加积极。上述观点是完全与孩子性别、家庭结构以及家庭的社会经济地位无关的，撇开这些不提，它也是站得住脚的。

- 黛安·纽玛克·施坦纳及她在明尼苏达大学的同事，在《美国营养学与饮食学协会》杂志发表了一项对青少年饮食［EAT（Eating among Teens）］的研究，她们的研究表明青少年食物摄取与他们家庭的进餐模式有着非常惊人的联系。其研究范围包括将近 5000 名来自不同种族、不同社会经济背景的学生。研究发现家庭进餐和多吃水果，蔬菜，杂粮，含钙丰富的食品，蛋白质，铁，纤维，维生素 A、C 、E、B_6 和叶酸等有密切联系；与少食软性饮料和零食也有关联。EAT 的这项调查还发现，更常与家人共同进餐的女孩子较少出现饮食紊乱的问题：节食、极度控制体重的行为、暴食症、长期节食等。

雅尼·弗里德伍夫（Yoni Freedhoof）博士说："最终，作为父母的我们必须要做的是，让我们的孩子去过我们想让他们过的生活。"他告诉我们："从健康角度来讲，我们需要重新建立起让厨房这个地方变成一处重要且让家人热爱的所在。而且确保它常常被使用，不只是组装半成品而已，要把它变成由完整食材到餐食的这么一个地方。我们还要保证，我们的孩子在离开家的时候，不要只知道怎么踢足球而不知道怎么做饭。"

少看电视，有益健康

家庭健康打包式的生活方式还有一个办法，而且这个办法也是被很多专家所认同的，减少孩子在屏幕前所花的时间，特别是在电视机前所花的时间。

彭宁顿生物医学研究中心（Pennington Biomedical Research Centre）2013 年 1 月在《美国预防医学》杂志发表题为《电视，肥胖，以及儿童新陈代谢的风险》的研究，发现卧室里有电视这件事对孩子健康（包括体重）的不良影响，较早前所相信的要大得多。卧室里放置电视好像会打乱健康的习惯，导致更少的睡眠及家庭共同用餐的时间，从而最终导致体重增加和肥胖。

　　据《生理学和行为》杂志 2012 年 6 月的一篇报道《肥胖电视：电视是如何影响肥胖流行的》，越来越多的证据显示，看电视是造成肥胖流行的主要元凶。文章作者也找到了看电视的时间与体重有直接关联的证据。可能是如下原因造成的：电视成为久坐不动、代替松筋动骨的对象；电视中的食品广告刺激了对不健康食品的消费；也间接导致吃饭时不专心；有的电视节目中将做饭、吃饭和快速减肥作为娱乐播放。

如何采用打包式家庭生活方式？

　　你可以从日本学校和家庭，以及全球健康学者的见解中获得什么样的经验？

　　可能你并不能强烈影响孩子在学校、生日派对和玩耍日吃些什么，但你能通过自己的言行举止和其他杂七杂八的小事儿，去除掉厨房和家里不健康的食物，从而去建立一个自家的强有力的关乎日式健康行为举止、选择和做法的区域，包括尽量不购买不健康食物和避免过多时间花在电子产品上。你越早开始做这些，你的孩子就越早能够自己学习做出健康的选择。

　　你也许也不太能够改变孩子学校执行的日式系统的午餐程序，但是你可以对自己孩子的家庭环境实施同样的理念，去帮助他们养成一种打包式的健康生活方式。如果你给孩子一种对健康食物的固定选择，跟他们探讨食物是从哪里来的，在哪里以及怎么长成的，带孩子们去当地菜市场，让他们在餐食准备过程中发挥作用，天天跟孩子一起吃饭，并且将家里出现不健康食物的可能性降至最低，那么你要接受专家们对孩子健康和营养的一些最好的建议。（记住：一定要小心使用厨用刀具，特别是尖利的那些，但是孩子们可以自己用钝一些的刀或特为儿童准备的厨用设备择菜、洗碗、切和准备一些食材，还可以搅拌，混合……这些都会让孩子爱上厨房里的事。）

你也可以带着一家人去参观本地农场，将此作为一场短途旅行。威廉和我已经带着我们的儿子去过大名鼎鼎的波坎蒂克山石谷仓农场的采蛋节了，还去了皇后郡农场春天的剪羊毛展——这个古老的仍在运营的农场在纽约州。我的梦想之一是把我们的儿子送去他曾祖父辈工作的农场，不仅为了延续这一家庭历史，也可以让他有农夫在稻田里耕作的实践经历。许多农场和植物园林博物馆都有一日志愿者服务和/或在读学生夏令营。在英国，举例来说，在苏塞克斯刘易斯的惠理菜农场就有种植日本蔬菜，并且欢迎任何人——不分年龄大小——去参观和帮手。

儿子和他的朋友们上学前班时，我们也为学校的玩耍日做东西吃，他们也会自己动手。我们会说明，像大米和海菜昆布这样的食材是怎么来的，展示给他们大丰收的图片。我们选择让他们自己动手做蔬菜（牛油果和胡萝卜）卷，也就是寿司小卷，还有压寿司，因为我们想到孩子们会喜欢切牛油果和胡萝卜、铺排食材，卷和按压。孩子乐大发了。

孩子天生喜欢帮忙准备餐食，这不仅是学着吃得好，也是一个欢乐运用各种各样技能的绝佳方式：读（菜谱），循序渐进（依菜谱所示一步一步），数学（计算和称量食材用量），科学（基本食品化学，农业，海洋科学，气候，季节等），文化，艺术（上餐和装饰），以及有助于发展手眼协调（称量，混合，切和成形）。

一个孩子的健康饮食——在坚果壳里

这一专家看法来自露茜·库克博士，她是英国伦敦大学学院健康行为研究中心 CPsychol 高级心理学专家。

有一些对食物的偏好和饮食行为不完全来自遗传，但是很多父母可以做一些改进：

· 对健康饮食以身作则。

· 持续并重复给他们提供不喜欢的（通常都是健康的）食品，少量。

· 给他水果和蔬菜当小吃。

· 把不健康的食物和饮料通通拒之门外。

· 跟孩子们一起就餐。

· 让孩子们帮忙准备食物，去超市选购食材。

· 给出孩子选择机会，但只锁定在健康食品中。

· 不要用食物作为奖励。

健康的打包式的日本食物和生活方式，并不是说让你的家庭去吃日本餐食才能健康。从中能够汲取的经验是，你应该觉得众多日本食品、生活方式及生活习惯，那些被看作是全球最顶尖的专家的全体智慧的折射——也包括我们的父母和祖先，他们那一代人生活得更健康，那是更传统的生活方式。这些智慧能够激励我们的孩子们去过一种更健康、更传统的生活。

秘密七
成为你孩子生活方式的权威

与你的孩子进行美食、生活方式及习惯沟通时，
应该端着权威的范儿，但是却又不霸道。

把心爱的孩子送上旅途，让他去获得力量、智慧和经验吧。

——日本俗语

这里将会有日本给我们的最后一个承诺，这里也将会有最后一个真知灼见——能把承诺变为现实的希望，而且也将帮助我们引导孩子走向一生的健康之路。日本的承诺是这样的：让我们世界各地的家长，都有可能为孩子构建一个氛围，虽然这一氛围并不是完美的，但是可以激励我们的孩子去尝试味道，养成新的习惯，而通过这一切又能够让他们有尽可能多的享受健康生活的机会。

对我们来说，此洞见就是带着权威的态度与孩子沟通生活方式及习惯，由此成为孩子的榜样、领袖、模范和权威。

有关全球最健康孩子所带来的经验，并不是指日本有任何更健

康、长寿的深藏的了不得的东西，也不是指日本的小孩子、父母和日本食物从本质上更进步、更优越。

今日的日本小孩被预估会是全球最长寿，只不过是对更大的行为模式的折射，而且能切实帮助全球其他国家的孩子，使他们的健康状况得到更好的发展和兴盛。日本找到这一模式也算歪打正着，很大程度是因为日本的地理、气候、资源、代代流传的智慧以及一些极好的公共政策。且日本一直试图贯彻一个务实的、有常识的模式，而这一模式是有效的。日本这个国家相对吃得比较健康的实践，国民喜欢锻炼和活动的模式，再加之全国范围内卓著的健保系统，帮助这个国家在过去几十年中连续获得了全球最长寿、最健康的头衔。

那么对我们这些并没有生活在日本的人来说，又如何能把这些真知灼见运用到我们的孩子身上，也让他们过上健康的生活呢？倒真有这么一种育儿方式或许能给你带来比较大的帮助。

有权威的家长

每个孩子和每个家长都是不同的，对这个有效，对另一个可能不一定有效，尤其是把来自不同文化和传统这些因素也同时考虑进去的话。但证据显示，看起来好像对于大多数家长来说，采用有权威的方式是一个绝佳选择。这种育儿方式也是被众多育儿专家所认同的，而且似乎能给孩子的健康带来极大益处。

心理学家戴安娜·鲍伦德（Dianna Baumrind），60 年代初最权威的育儿主张就是由这位心理学家提出的。她的研究找出了 3 种类型的育儿方式：专制独裁的，权威的，以及宽容的。

专制独裁的方式是指父母根本不给孩子任何解释机会就定下规矩。这类父母很重视家庭观念，无条件地服从，权力和高压，且对孩子的疑问不作任何回应。她观察到，在独裁型父母眼皮子底下长大的孩子倾向于更顺从，但是就快乐、社会能力以及自尊来说，能力都较弱。

相较而言，权威型父母也为他们的孩子制定要遵循的准则和条规，但区别在于，这一类家长是有反馈的，而且愿意倾听孩子的疑问，并且在约束孩子的措施上更有策略、更有爱。有权威的家长会对孩子的行为进行监测，并且清楚明白地列出标准。这类家长主张明确、坚定，但不具侵略性和限制性。他们制定的戒律是具支撑性而非惩罚性的，他们希望自己的孩子能够有主张、坚定、有社会责任感，具协作性和自律。心理学家鲍伦德写道："戒律的权威性模式，其特点是采用严格控制并经由统一的实施规则，给予对方合理的解释理由。"

权威型方式的好处

鲍伦德和其他研究人员观察得出，有权威型家长的孩子们表现得更快乐，对自己学习新技能的能力更加自信，更能适应社会，能够更好控制情绪、自律、在校成绩更好。以下是一些权威型父母的表现：

- 对子女的行为设置高期望值和始终如一的边际界限。
- 倾听孩子的想法，允许他们问问题和表达想法。
- 去引导孩子踏上合乎情理、问题导向之路，并且解释规矩背后的原因。
- 期望孩子成为自己想让他们成为的那样，父母先要以身作则。

- 温暖又有爱，包容又公正地使用戒律。
- 使孩子理性、独立地培养自信心，允许他们犯错误，并且从错误中学到经验教训，期望孩子自律。
- 建立鲍伦德称之为"暖心又有话好商量的理性主义"的父母与子女的关系。

权威型父母主要在于去引导孩子们主动做出好的、对的决定，养成好习惯，以及好的行为举止。心理学家南希·达玲（Nancy Darling）博士是俄亥俄大学奥伯林学院教授，她解释了权威型父母教育和引导他们的孩子，并在这样做的同时，使孩子们接受并珍视父母的价值观。"权威"一词被选为指代父母的权力，是因为父母是更为理智和有理性的文化向导。达玲教授注意到权威型父母只设定极少的规矩，这样总比强迫孩子做某事要好。

权威型父母给予的健康奖赏

广泛研究表明，权威型的父母一直与给予孩子健康的生活方式和习惯相关联。就像约瑟夫·阿诺德·斯凯尔顿博士（Joseph Arnold Skelton）与他的同事们发表于 2011 年 12 月的《北美儿科学》杂志上的一篇文章所写的那样：

权威型的父母要求严格，以对孩子施压去吃某种特定食物为特征，并且过于监控——这种方式，会产生儿科学上的体重增加。尽管这样，可若孩子是被提倡责任感、提供监督、并且以身作则的权威型父母哺育长大的，则更可能有健康的营养和低身高体重指数（BMI）。以人为本的哺育实践，对食物做积极正面的营养学范畴上的鼓励，父母对水果和蔬菜的摄取与他们的孩子对水果蔬菜的摄取息息相关。

下面找到一些其他研究员的观察和建议：

- 权威型父母会设置家庭饮食结构框架，并提供家庭料理所需的补给支持。
- 在有权威型父母的家庭中长大的小孩，与其他类型家庭长大的孩子相较而言，吃得比较健康，体能上也更活跃，BMI 水平指数较低。
- 也是与其他类型父母，比如专制型、宽容型及放任自流型的父母相比，权威型父母为孩子提供饮食架构，而孩子则会倾向于表现出包括好好吃饭在内的积极行为。
- 与专制型父母相比，权威型父母哺育的青少年，会有更好的家庭，健康、良好的情绪控制。
- 权威型父母会给出积极正面的回应、鼓励，以及身体爱抚等实际行动，这些作为可减少压力、紧张、疲乏，以及其他青少年时期的行为风险。
- 肥胖症与专制型家长高度相关。
- 运用权威型父母的方式哺育，可降低儿童期肥胖风险。

在日本，我敢肯定选用其他类型做父母的大有人在，妈妈爸爸过度纵容或专制独裁都会有，但是说到日本孩子典型的食物和生活方式、习惯上，权威型则是我注意到的与之最相符的。

职责分工

在孩子喂养这一复杂又关键的课题上，有一个关于权威型父母广受推崇的鲜活的例子。家住威斯康星的艾琳·萨特（Ellyn Satter）是一位祖母、心理学家、育儿营养权威，也是一位注册营养师。她在育儿方面很有一套方法，这套方法被她称之为"职责分工"，这是一套基于权威型父母理念的概念，是一套受到众多专家广泛推崇，并让孩子们养成终生健康饮食习惯的方法。萨特如此解释这一概念，简而言之："父母对给孩子吃什么、什么时候吃负责；而孩子则对吃多少，是不是通通吃光负责。"

我看到她的做法与日本人的态度，以及培育了世界上最健康的孩子的实践模式之间主要的相似之处。萨特认为，父母应该是领导和榜样，他们在严格的指导路线中灵活且易变通，应该邀请孩子们体验如何准备餐食，并且让孩子喜欢常规的家庭料理和家常菜，父母们应该定期带孩子吃健康食物和大餐，并且在孩子们开始吃的时候，父母应该既不过度纵容，也不给孩子过度施压。一旦孩子做好了吃家庭料理的准备，那么家里也不应该有什么所谓的"娃娃餐"，也不藏着什么食物，不强迫孩子把盘中餐或是蔬菜全部吃光光。萨特解释道："父母一定不能将自己对孩子接受食物的希望或是成功感强加给孩子。他们应该谨记，他们控制着要把什么东西端上餐桌的大局，可是孩子是不是吃它，父母可做不了主。"

举个例子来说，专制型父母或许会说："这是你的食物，赶紧吃。"宽容型父母则会说："你想吃什么？什么时候想吃？"而权威型父母就会说："这是我们一定得吃的东西。你可以吃，也可以不

艾琳·萨特的"职责分工"法

养育一个爱吃的孩子实为乐趣

专注于如何喂养以及孩子的感觉和行为表现，而不是孩子吃什么。遵行哺育的职责分工。当你把持住了喂养关系的质量胜过担心孩子要吃什么或吃多少时，你的孩子便会吃得好长得好，或迟或早，孩子便知晓了你吃什么他就得吃什么这件事。与此同时，了解普通孩子的进食举止。你的孩子很有可能挑食，会一顿饭只吃一两样东西，会这回吃这个东西，下回就不吃了，也会一次吃好多，但下一次吃得就不多，没准儿也根本就不吃蔬菜。

在孩子成为一个称职的"吃货"时，会有如下举止：

·他在吃东西的时候感觉良好。他喜欢食物，且在家庭成员们一起吃饭或吃零食时乐于参与并且享受。

·他享受每一餐，进餐时行为表现优秀。他觉得家人一起吃饭时作为家庭一员感觉良好，并且有他参与的家庭进餐成为一件快乐的事情。他在吃饭时不惹麻烦也不大惊小怪小题大做。

·他就在你给他准备的饭食中挑选食物。对于他之前从未见到过的食物也乐于接受。他会说："好的，给我吃吧。"或者："不吃，谢谢你。"

·他忽略那些他不想吃但又暗中"偷袭"而来的新食物，但仍然会试着喜欢它们。最终他会学着做到你吃什么他几乎也吃什么。

➡

·他自己决定吃多少。只有他自己知道吃多少才够。尽可能地相信他，直到他长大成人，让他的身体按自然法则自行安排。

·孩子们具有天生的吃东西的本事。他们需要多少就吃多少，他们成长的方式就是适合他们的方式，他们也会慢慢学会父母吃什么自己就吃什么。在他们整个成长的岁月中，他们一步一步建立自己的天生能力，并且变得称职。当孩子们也遵照哺育时的职责分工法则了，父母的哺育便可让他们学习和成长。

喂养小婴儿的职责分工：

·父母的责任在于给孩子吃什么。

·孩子的责任在于吃多少（以及其他）。

·家长选择母乳或者配方喂养，帮助婴儿安静有序，之后便可喂食顺利，注意宝宝进食时间、温度、频率和数量等信息。

从婴儿阶段往家庭餐食转化时的职责分工：

·父母仍然决定给孩子吃什么，并且开始决定何时、何地喂孩子。

·孩子仍然，并且将会一直决定吃多少和吃不吃。

·以孩子能够做的为基础，而不是看他多大了。从母乳到半固体，到稠粥，再到家庭的小点心阶段，每一个阶段都由父母引导。

对幼儿和青春期孩子的职责分工：

·父母负责吃什么，何时，在哪里吃。

➡

·孩子负责吃多少、吃不吃。

·父母的基本原则是信任孩子，让他们自行决定吃多少和吃不吃。父母的工作是给孩子喂食，孩子的工作便是吃父母给定的食物。

父母的哺育工作：

·选择食物，准备食物。

·提供正常规律的饮食和零食。

·让就餐时间欢快怡人。

·逐步示范在家里的餐桌上应如何表现。

·对孩子缺少什么样的食物心知肚明且考虑周到，不会依喜好备办食物。

·不让孩子在正餐与零食之间吃别的东西或喝饮料（水除外）。

·使孩子正常健康成长。

孩子的进食工作：

·孩子要吃东西。

·他们将会需要吃多少就吃多少。

·他们将从父母那里学会：父母吃什么自己就吃什么。

·果不出所料地，他们会成长。

·他们将学会进餐时表现良好。

（更多详情请参见 http://ellynsatterinstitute.org Reproduced by permission of Ellyn Satter.）

吃。这些东西，在零食时间你可能得再吃一遍哦。"要不就会这么问："今天晚上就吃这个。我希望你会从中找些乐子。"萨特在这里详细解释了这一方法。

这一方法在日本文化中也发挥作用

这一"职责分工"模式很对日本传统饮食和家庭进餐模式的路子，特别是几代同堂的家庭。将家庭成员的喜好一并考虑在内，准备餐食的人（往往是妈妈）会准备多种多样的菜式，而不是仅准备一两个菜量大的菜而已，并采用菜上桌时大家围坐在一起吃的形式。一些家庭成员会对自己爱吃的菜多吃一些，而不那么爱吃的就少吃一些。桌上菜肴丰富，每个人都会有一些自己喜欢的菜。

当一个孩子在家里不想吃，或连试也不想试某种特定菜的时候，当然了，这样的事情常常发生，作为父母的便应该温和地鼓励孩子去尝试这个菜。尽管孩子可能还是不吃。但是当孩子看到其他家庭成员吃这个菜，过不了几餐之后，家长再温和地鼓励鼓励，积极地建议建议，非常自然地把同样的菜摆在孩子面前，总有一天，孩子会决定尝尝它。先会咬一小口，你猜怎么着？他／她可能觉得这菜还真不赖！

比如妈妈给上了米饭，裙带菜味噌汤加洋葱碎，平锅煎青花鱼，煮时蔬，豆腐，甜味噌味的烤茄子，葱姜炒猪肉片，洋葱大白菜，一些渍黄瓜。爸爸热爱青花鱼和煮时蔬，他这两样就吃得多些，但是也吃了不少其他菜。爷爷喜欢豆腐和茄子，所以这两样吃得更多些，但也吃了不少别的。大儿子和妈妈每样菜都喜欢，每个菜都要吃一些。小女儿不喜欢青花鱼，所以碰也不碰那个。爷爷就说："你为什么不吃点儿青花鱼呀？正当季呢！汁多，入口即化。"她不想尝。她喜欢其他别的菜，大家其乐融融围坐在一起。那么，换了种不同方法做的青花鱼，吃饭时又端上餐桌了——因为正当季——跟其他菜一起摆在桌子上。一家人中特别是爸爸，他的心头大爱就是青花鱼了。重复上一个菜，由爷爷、爸爸、妈妈轮流温和地劝说（而不是施压），每个人看上去都很喜欢吃这个鱼。事实上爸爸每一次把一片青花鱼送入口时，那欢欣简直溢于言表啊，小女儿开始觉得或许应该尝一点儿，后来的某一天她就这么做了。

对我来说，这是一个很生动的设定实例，权威型父母——由父母决定给孩子吃什么，孩子决定吃多少以及吃不吃。

不论你的家庭采用哪种途径，我们希望你和你的孩子一生快乐、智慧、富于探索和发现、充满激情、享用美好的食物、多多锻炼和运动。所有的祝福用一句日本谚语来表达吧：

"有了孩子们，一切都圆满了。"

养育健康宝宝的七个秘密

1：改变家庭食谱，以保证营养密度

享受高营养家庭料理，包括更多植物基食品及五谷杂粮。含更少加工过的食物，少糖，少盐。

➡

2：提倡快乐饮食以及柔性约束

实行温柔约束，不做严格的食物限制，不将食物妖魔化，让吃饭变得快乐！

3：激励孩子享受新食物

温和地鼓励你的孩子尝试更多不同的健康食物，包括各种水果和蔬菜。

4：重新平衡家庭餐——日式风格家庭饮食

上菜时用小盘，但不要吝啬蔬菜水果。

5：激励孩子享受日常运动

鼓励家庭成员每日进行最少60分钟的松筋动骨的锻炼和活动。

6：养成家庭"打包式"生活方式

建立一种打包式的家庭环境，以期支持健康饮食和生活方式之选。大家经常性地围坐在一起共同进餐。在健康食品的烹饪和享用上，做孩子们的表率和模范。

7：成为你孩子生活方式的权威

以权威型为孩子将食物和生活方式习惯联结在一起，而不是专制独裁的方式。

第三部分
日式家庭料理创意

1.
传统日本料理

你能够在各个国家和文化中吃出健康来，而且今天有更广泛的食物来源和口味在等着我们去探索和发现。由于人们去往不同的国家，遇见来自世界各地的饮食文化，在本章中，我会简要描述最基本的关于传统日餐结构的理念。也会在下一章讲述日本烹饪中所需的重要食材。我希望你们看到接下来的食谱，多少能够被诱惑着去试一下其中一些。

我们首先看看流传下来的日本饮食文化遗产，就是这些一直延续的传统、典型的日本料理，探究为何日本的餐饮具有如此蛊惑人心的力量。

一汤三菜——传统典型的日餐

一汤三菜（Ichi-jyu san-sai）是传统日餐的结构，由一碗汤，三味小菜（各种蔬菜和蛋白质），一碗米饭，一盘作为甜食的水果组成的。日本料理这一大的范围内一般含有 5 个简单但又十分通用的主题：鱼，大豆，米饭，蔬菜和水果。肉在日本也挺流行的，但相对量少，跟西方国家比较，吃得也不是很频繁。

经典日餐家庭料理包含一片烤鱼，一碗米饭，煮或醋腌渍的蔬菜，还有一道味噌汤，时令切片水果和一杯热茶。典型日本家庭料理就是简简单单一碗米饭，一碗汤和三道小菜。这些小菜同时上桌，并不单独。

理念就是每个菜都轮番交替地吃上几小口。父母（以及大家庭中几代同堂的祖父母们）一般会鼓励孩子们每样菜都吃吃，细嚼慢咽，有助消化。

早　餐

典型日式早餐包括的食物是米饭，撒上葱花的小豆腐丁味噌汤，小片小片的海带，一片小蛋饼或者煎三文鱼，小菜是一碟蔬菜、一碟水果，饮料是绿茶或水，不含咖啡因的大麦茶，孩子一般配牛奶。

相对于众多高卡路里、高糖和低营养的西式早餐——只会让你昏昏欲睡和很快就又饿了，日式早餐会给你提供足以延续到第二天早上的巨大且持久的能量和营养。

日本人也会选用一些西式早餐的食物，或许是烤吐司加蛋，香肠或一片火腿加奶酪，但即使这样量还是会小得多，还会有咖啡或红茶，红茶要么加柠檬，要么加奶（1 杯牛奶，水或无糖抹茶——大麦茶——给孩子），沙拉或是炒蔬菜，以及水果。

举例来说吧，我妈妈在东京也会用烤吐司当早餐，但总是配上健康分量的蔬菜，比如才做好的新鲜沙拉，炒个蔬菜只加一点点肉和 / 或单面煎蛋。可变通的是，她会上一大碗米饭和鸡蛋汤，外加水果若干。日本人早餐也吃小松饼、油酥饼或是甜麦圈，但比西方人天天这么吃的频率要低得多。人们认为吃"甜食"只是偶尔为之，吃也就吃那么一点儿。

午 餐

中午那顿饭可能比较简单一些。像一碗荞麦面，天妇罗，鱼，或者时令野菜，一碗盖上煎炒过的肉和蔬菜米饭，还有一碗味噌汤或是饭团——饭团和味噌汤可以作为小菜。午餐的便当盒被称为"Bento"，可以打包带走，将米饭和3种小菜一起装在盒里。

晚 餐

晚上这顿饭通常比较精细，但也遵循了同样的模式：米饭，汤，各种肉、鱼、黄豆和蔬菜的小菜。

日常食谱

下面列举一些日常食谱范例，有助于较为直观地了解典型日餐结构。如果你想为家人尝试烹饪第四章第三部分所列的菜谱的话，我希望它会帮助你建立你自己的日餐食谱。

早 餐

1 碗发芽糙米饭（Haiga-mai）

1 碗加了豆腐丁、裙带菜、撒上葱花的味噌汤

1 小片烤三文鱼

1 小片煎蛋饼

多种当地时令蔬菜

1 杯水，绿茶和抹茶（大麦茶）

午　餐

1 碗热荞麦面，覆盖上细丝煎豆腐，焯过的又脆又嫩的菠菜，再撒上切好的葱花和细碎海带作装饰

毛豆

1 杯水，绿茶，或抹茶

晚　餐

1 碗糙米饭

1 碗加上白萝卜、绿叶子菜和切碎的葱花装饰的味噌汤

土豆、牛肉、洋葱砂锅（见 162 页）

甜味噌烩茄子红椒（见 186 页）

煎豆腐，甜鱼露酱油汁（sweet dashi-soy seasoning）为蘸料汁（见 196 页）

1 杯水，绿茶或抹茶

2.
选择最健康的食材

在选食料食材时，我的推荐是，尽可能购买新鲜、本地生产或出品的、有机的时令产品。这样来源的食材是日本餐饮概念中一个最基本的观念。

真正新鲜的食料食材可最大化提供原汁原味。菜品颜色生动鲜亮，纹理质感清楚紧实，任何感官都可感觉到食材蓬勃的香气。

有机生长的食材，自然超级纯粹，它们含有与均值相比要少得多的化学物质。有机农场要求农业方面的技术和方法，以使产品更为绿色环保，维持生态平衡。

前面已经说过，知道多吃各种蔬菜和水果有益健康这件事本身就很重要——新鲜产品，无论罐头装还是急冻的——都提供了宽泛的食材品种，较健康，只有最少量的盐和糖添加。

本地原产的新鲜、有机、节令食品对健康的益处

近些年，越来越多人已经意识到购买本地食品的重要性。此举支持本地农民和他们的生意，并且也降低了产品的成本，因为海

外和远程交通及储运费可省去，对地球环保生态也有好处——因为减少了基于石化燃料的运输，从而减少二氧化碳和其他温室气体的排放。并且最大的好处是，购买本地产品可无限接近产品丰收时的最佳成熟期。你逛市场和当地杂货店想买些时令蔬果时，会发现这些水果蔬菜常常是早上现采摘的，所以当天的晚餐就可以端上餐桌了。

应季的产品要比在一年其他时间买便宜一些，并且本地出产的也要比从国外进口的便宜，因为当地该产品产量丰富，味道也够棒。对家庭料理大餐来说，时令蔬菜可谓多种多样，具有不同风味、颜色、形状和质感。

特定的食品对你和你的孩子来说是一个换季信号。等你的孩子长大成人的时候，相信会有一些食物能够与一些不同季节中特定的活动联系在一起，勾起他的回忆。对我而言，每一次看见商店里堆成山一样高的巨大的西瓜时，我就都会想起童年时的夏日情景。其中一个是晚餐后的夜晚，爸爸、妹妹美纪和我一起坐在木质阳台上，俯看着后院，在夜晚炎热的空气中享受着一丝丝凉风，这时候往往妈妈会端出西瓜，刀和砧板。她会把西瓜切好，一片片摆在托盘中。一家人一口接一口地尽情享用冰镇过的甜美多汁又新鲜的西瓜——我们孩子会把西瓜籽直接吐到后院里去。

当地的款宴，时令的产品，称得上是一种感受四季本质，并可与大自然天人合一的超赞的方式，是一个去当地农场购买新鲜、有机、本地产品的轻松和让人兴奋的方式。你也可以在街边市场、当地的杂货店和一些食品专卖店买到新鲜产品。订阅每周绿篮子菜品广告是另一种方式，以资确保可得到最新、本地的蔬果信息。每周都会有多种菜品的选择变化，不同于在超市里单调枯燥的选购——在超市里这些东西恨不得全年都有。一些小规模的种植者会在市场和当地商店售卖产品——这些地方虽没有申请有机食品执照，但它们使用的常常是可持续发展的农业技术，生产出不含化学物质的绿色食品。在这样的情况下，我更倾向于买本地自产自销的蔬菜，而不是带着有机食品标签、却是在千里之外的地方出产的东西。

购买肉类和鱼

至于买肉、家禽、奶制品和鸡蛋，我建议尽可能经常性地购买那些未经过催熟，通过有机饲养，或者人道对待且无抗生素的产品。

购买海产品时，不管是在哪里捕捞的，总之要找本地当季的新鲜鱼类和贝类。想要知道英国哪些鱼类可以买哪些不可以买的指南，可在海洋保护组织的官网 http://www.fishonline.org/ 获取。想获得其他国家的相关信息，请于 http://www.seafoodwatch.org/resources 浏览国际海产品资源列表。

当我们为小宝宝和孩子们买鱼时，英国国民健康保健协会（NHS）不推荐 16 岁以下的孩子食用鲨鱼，剑鱼或马林鱼，因为这些鱼所含汞量会影响孩子的神经系统。小宝宝和孩子们也不宜生食贝类，因为会有食物中毒的风险。

至于其他鱼类，无一例外地要先剔除鱼刺鱼骨之后，再喂给孩子吃，给低龄儿童喂食鱼肉时要格外注意这一点。然而像阿拉斯加三文鱼鱼罐头里的鱼骨和鱼皮，因为很软，所以可食用，并且是很好的钙源。

日本食材储物柜

并不是所有的食物都能在当地或是应时应季买到。对于一时买不到的食材，备一些罐装、瓶装、冰冻或者干货，存在储物柜或冰箱里挺好的。它们既经济方便又不失营养。我家的储物柜里就备着若干特别货品，举例来说：

- 罐头装番茄，番茄泥，晒干的番茄酱（用作番茄酱打底的调味汁，汤和炖品）
- 罐头装和冷冻豆角（用作汤、主菜和小菜）
- 冷冻蔬菜（用作汤、主菜和小菜）
- 冻毛豆（用作小吃、沙拉、主菜和小菜）
- 罐头装和冷冻鱼类，像野生阿拉斯加三文鱼、鲑鱼、沙丁鱼和青花鱼（快速获取欧米茄 -3 的小吃和正餐）
- 冷冻蔬菜，比如西兰花、菠菜（用作小菜）
- 冷冻水果，比如浆果、桃子、杧果（用作甜点甜品）
- 海菜干——海带、裙带菜、羊栖菜、海苔（用以制作鱼汤高汤、汤类、配饰、主菜、配菜）
- 干蘑菇（用以制作鱼汤高汤、主菜、配菜）
- 日本蔬菜干，比如白萝卜干（用作主菜、配菜）
- 水果干，比如葡萄干和干枣（用作沙拉和小吃）

如果可以，那么找寻和选择不添加盐或低脂的食材。

八成会有一家本地的日本食品店，在那里你能购买到比较不常见的如上所列食材食料。今日主要的超级市场里已有备货，在一些当地市场或杂货店里也能买到。你或许会因为在家左近就能买到那些食材而讶异。另外，你也可以在网上买到大多数的食材。

关键食材大揭秘

要吃健康的一餐并不需要学着照搬真正地道的日本菜，或者非得用日本流行火爆的原材料食材，但是它能使你吃饭这一过程变得更加激动人心，吃起来更带劲。日本的饮食之道对日本孩子来说是自然而然的，无非就是把成人吃的每一种菜品都变成小份餐量给孩子吃。通过尝试一些食物和使日本饮食模式成形，你们就会在全家的美食体验中增添多种多样的内容，我也希望你和你的家庭能够从中找到无穷乐趣。由此，我也希望你对前面几章我们讨论过的七大秘密有更深切和透彻的理解，你和你的家人在接下来的许多许多年都拥有美食的欢悦和健康的膳食。

就像受日餐影响的烹饪之法业已成为主流，许多日本食材已经变得越来越普通，也正因为如此，日本本土之外产的日本柚子、芥末、味噌、香菇很容易就能在你的所在地找到。举个例子来说，英国位于东苏塞克斯的惠理菜农场（NamaYasai）就种植日本蔬菜，并且就在他们当地的刘易斯农贸市场售卖，他们还在东南部好几处地方设立绿篮子积分计划。如果你那里有当地市场或超市，就可能找到许多日本食材。

3.
发掘日本食材

这里列举的大多数食材都是加工包装好的，所以你可以将其存入储藏柜，用在许多菜肴里。

大麦是一种多用途、健康可口的谷物，可以添加进储藏柜。对有孩子的家庭来说，它无疑是一种很棒的特殊之选。在实际生活当中，它的多用性体现在可以与任何一个菜、任何一个菜系都搭配得非常好。你可以将它放在米饭里——这里所说的米饭不仅指日本的高级短粒大米（圆米），它也可以放进各种各样的米中，比如印度香米，有机发芽野生三色藜麦等。混合上述各种米，可放进绿色蔬菜和海菜的沙拉中，日式或西式的汤中，或者饭团中。也可以把它与日本高档大米相混合，然后用于汉堡，饺子和寿司卷物里。其口感精致微妙，质感略微有嚼劲儿，就像有嚼劲儿的硬意大利面一样。它为这样一道混合谷物的菜添加了一种叫人欢喜的感觉，沙拉和汤因之更加浓厚。

说到富于营养，大麦可是冠军。与棕色糙米相比，它的含纤维量高了 2.8 倍，而与白色大米相比则高了 17 倍。它还含有特别的维生素、矿物质，并且脂肪含量低。正如其他杂粮食品一样，它可成为健康膳食的一部分，有助于减轻体重，有助于消化系统健康，以及降低心血管疾病风险。

鲣鱼（鱼）薄片（日本花鲣，日本木鱼）是青花鱼家庭中的一员，通常在日本菜系中鲣鱼并非以全鱼，而是以干制的鱼薄片面貌呈现。此种鱼片或者木鱼鱼片在日本厨房中是一种重要食材。较大的鱼片用来熬鱼汤——为日餐烹饪必备之物，而小鱼片则在多种菜肴中做配饰之用。鲣鱼鱼片看上去纸一样薄，刨花一样卷曲，颜色从粉米白到深勃艮第色不等。

虽说一些日本人用特殊的鱼片刮刀器来制作自家的鱼片，但你也能买现成的塑料袋装鲣鱼鱼片。用来熬鱼汤的较大鱼片重量从28克～450克一袋不等。小鱼片常用作菜肴的配饰品，装在单个使用的袋子里，通常一袋里有五片，每片均独立包装，重量大约在15克～28克之间。鲣鱼鱼片具有温和、烟熏以及让人沉迷的甜香口味。它可能与你在西式烹饪中遇见的任何食材都不一样，但它的美味很可能一下子就会将你吸引。

白萝卜是一种个头较大，白色的日本萝卜。它多汁，吃着清新甜爽，微苦，是我在冬天里最喜欢的蔬菜之一。白萝卜具有极多用途，能用来做沙拉，慢慢地煮汤，腌渍，还可摩擦成丝用于菜品装饰。生白萝卜丝通常用于多油菜肴的饰菜，因为萝卜丝可提供给油炸食物理想的水润平衡，比如炸天妇罗和多脂的鱼白类，与柠檬在西餐中的功用极为相近。微微煮过的萝卜块淋上甜味噌堪称美味。白萝卜也会给味噌汤添一道独特的风味——在美味可口的液体中变得柔软，几乎完全是甘甜的了。一些品种的白萝卜生吃时可能会辣一些（温和的辣味）——要是想给孩子吃的话，那你可得先尝一尝哦。

购买时，小心寻找新鲜、叶翠、根部完整的白萝卜，挑果肉紧实而不是软塌塌的买。萝卜和萝卜叶子我都特别爱吃。白萝卜嚼起来嘎嘣脆，叶子微辣。它们跟别的蔬菜一起炒，或是配味噌汤时都口感一流。若是遍寻不着白萝卜，也可用做沙拉的小红萝卜替代。

毛豆（新鲜绿色豆子）已成为西方国家餐馆和聚会中流行的开胃小菜。在夏天那几个月里可以在商店和农夫市场买到新鲜毛豆。如果买不到新鲜的，那么还有冷冻的——有的带着豆荚，有的不带——可以作为很好、很方便的替代品。对于孩子们来说实为奇妙的即食小吃和小菜。

本味酥（汉米林料理酒）（Hon-mirin）（道地米林酒，应与号称米林风味、人工合成且添加过调味品的产品严格区分开来）是一种甜的，酒色金黄的烹饪料理酒，出自黏米，酒精含量约为14%。米林料理酒中的酒精会在烹饪过程中挥发掉，所以菜品中使用米林酒对孩子也是安全的。米林料理酒为瓶装，可广泛用于日本家庭料理的各种菜谱之中。本味酥益处多多。可为煮菜和汤头添加甜香、深邃、通透的鲜美。这种甜与糖相比更精细微妙，可为菜肴带来优雅、精致的甜味口感。举例来说，本味酥甘醇鲜美是鱼柳等等白鱼肉完美的甘霖。它也会防止炖煮时如土豆块和鱼块等大块食材碎成片片，且有助于味道贯穿食材本身。

日本红薯（也称白瓤甜薯，库马拉，亚洲红薯）在日本历史上一直很受欢迎。甘薯皮呈粉紫色，薯瓤为白色，在所有蔬菜的万神殿中是最好吃最有营养的食材之一。吃上去口感像栗子，不像西方的甜薯那样果肉是橙色的。它极富营养价值，含钾、维生素 C 和膳食纤维。我七岁的儿子几乎每天都要一个，当小吃和 / 或辅餐。他热爱吃切成厚块的烤甘薯——就这么吃，也不用其他什么蘸汁，显然这是他最喜欢的蔬菜。每当他有（由家长们安排的）游戏约会时，我都端上这个。所以现在，每个孩子都爱上了这道菜。如果做法合宜，甘薯美味得能让孩子们个个喜欢吃。买甘薯时，要选表皮光滑，没有软趴趴的磕坑，且果肉紧实的。别用塑料袋盛装，也别冷藏；将其置于阴凉干燥处。所有甘薯都是高营养价值的超级巨星，不只是日本甘薯才能用于接下来仿佛限定于使用日本甘薯的食谱。

味噌（Miso）是浓稠、加盐发酵的大豆酱，很像花生酱，装在小袋子里一包包卖或是塑料盒里。由碾碎的大豆、盐、酵母和添加的大麦，稻米和麦子等制成。由于味噌里添加不同的谷物，所以味噌与味噌之间也会在口味、质感、香气和颜色上极为不同。从口味上来说，味噌有咸和甜的。从质感上来讲，就会从非常柔滑，到有颗粒感，再到有块状物的（因为添加了谷物或者大豆）。闻上去有的精致丰富，也有一些含刺激性的辛辣。说到颜色，那么就有米色、金黄、棕色。

穿着各样马甲的味噌，是日本厨房给汤头、炖菜添滋加味的主力军。白味噌呈淡黄色，口味要比其他种类的味噌轻柔，甜一些。因为精巧的天性，它最常被用于蔬菜的调味汁，也用在口味比较清淡的鱼和海产品的腌制料上。红味噌带着点铁锈棕的颜色，味道比白味噌更粗粝、更咸一些。把它用来作腌制肉的酱料是最好不过的。红味噌中还有一种颜色呈棕褐，口感最为强烈，这种味噌用到大鱼大肉的羹汤中味道最佳。另一种味噌是红白混合的。

味噌汤也是另一道菜，许多日本厨师会存两到三种味噌在冰箱里，以便用它们调出完美的味道来。全球餐馆的大厨已经发现味噌的奇妙之处，并且用味噌的美妙可口去勾兑出各种菜式的绝佳风味——并不仅限于亚洲菜肴。就像酱油一样，味噌某些时候也会含盐量极高，因此购买时请仔细阅读产品简介，要买低盐或减盐的味噌。味噌应藏于密封容器内，开启食用后即置于冰箱冷藏。

三叶，广为人知的名称为"日本香菜／欧芹"，是一种美丽的装饰菜。在本书中，我把三叶放入了好几个菜谱里。扁叶形的香菜称为洋芫荽。

日本韭是蒜科葱属中的一种，另一个名称为"中国韭菜"或"蒜黄"。其绿叶扁平，不像英国卖的细香葱。我喜欢它浓烈的气味——比洋葱要冲但又没有大蒜那么刺鼻。可用冬葱或韭菜替代。炒菜时加入日本韭可为菜肴添加浓香。

面条，日本可谓面条泛滥的国家，乌泱乌泱的全是面条。日本面条归属为两大阵营：一派是荞麦面粉制成的荞麦面，另一派是精白面粉制成的乌冬面。孩子们就跟喜欢意面那样爱吃面条！鸡蛋面，或者拉面，虽源自中国，但在日本也特别受欢迎，大多数是以袋装即时汤面的形式出现，近些年，像纽约，伦敦这样的大都会里，人们也十分喜欢去专门的拉面店。

荞麦面是由荞麦面粉制作的面条。它是日本的营养冠军——是蛋白质、全谷物、纤维和复合碳水化合物的绝佳来源。荞麦面为细面，灰褐色，吃时有溜滑的质感，还有让人欢喜的坚果风味。它们一般是以热汤面上桌，也有冷食的，蘸着美味可口的甜酱油汁吃。因为荞麦面粉少麸质，所以麦粉中的成分让面条变得更加有嚼劲儿，大多数荞麦面制造者会在面团中加少量淀粉。一些荞麦面制造商会（以白麦粉和薯粉的形式）加入过多淀粉——主要目的是为了减少成本，因为荞麦面粉比其他面粉成本更高。因此其结果便会让缺失了原始风味的劣等荞麦面流于市场。购买时尽可能寻找含量100%的荞麦面粉制作的荞麦面，或至少80%荞麦面粉，20%小麦粉的。清泉牌荞麦面，你值得拥有。在纯粹荞麦面中，那些深褐色的面条被认为最佳。

最流行的白小麦面粉制作的面条，尤其受孩子们欢迎的是乌冬面。这是一种粗厚的白色面条，非常有劲道。乌冬面也是顶上浇盖上多种食材连汤吃热的，也可以蘸汁冷食。有一件需要特别小心的事情就是，在购买干乌冬或是冷藏的乌冬面时，注意挑选低盐或是"无添加盐"的品种。让人惊讶的是大多数乌冬面产品里含盐量很高。因为吃的时候要配上酱油打底的汤汁，这也是咸的，所以至关重要的是事先就不选用添加盐的面条。购买 Hakubaku 这样的品牌，它家有无盐添加和有机乌冬面。你或许会在日本店里见到另外一种很好吃的白面粉制作的面条、子面，口感十分劲道，是一种又扁又宽的面条，很像意大利宽面条。

拉面 / 冷面 / 素面是像天使的头发丝一样细的类似意大利细面的一种面条，颜色雪白，夏天冷食。稍粗一些的拉面称为Hiyamugi。

我认为新鲜制作出来的面条吃上去口感最佳。遍及日本全国，训练有素的面条大师们在自己店铺里出售手工制作的荞麦面和乌冬面。在像纽约、伦敦、悉尼和墨尔本这样的大城市中，有非常高级的面馆供应超绝的日本面。我极力向大家推荐手工制作的荞麦面，可以大大拓宽你的烹调视野。在英国，有一位叫作小芝真奈美（Manami Koshiba）的日本女师傅，她在"伦敦手工荞麦面"馆向大家教授如何制作荞麦面的课程。（学生们必须满11周岁，因为授课时要用到大号厨用刀具）。由于在西方国家的超市里难以寻到新鲜的荞麦面和乌冬面，所以本书中所有的面条食谱所列面条均为干面。高品质的干荞麦面和乌冬面一样易得和美味。本书食谱中只选列了荞麦面和乌冬面。

烹调油含多不饱和以及在较小程度上的单不饱和脂肪酸，已被证明能够降低血液中的胆固醇水平，因此也有助于减少心脏疾病的风险。吃含单不饱和脂肪酸丰富的食物（橄榄油和菜籽油）要比吃饱和脂肪酸丰富的食物更好。日本人烹饪时大多使用菜油。在各种各样烹调油中领跑的是菜籽油和豆油，以及其他像玉米油、棉花油、红花油、米糠油、葵花油、芝麻油以及橄榄油等。

菜籽油包含大多数不饱和脂肪，相对于橄榄油来说，又好又便宜。它之所以成为最好的烹调蔬菜油之一，就是由于兼具了最高的多不饱和脂肪和低水平的饱和脂肪。除却它的氢化形态，菜籽油完全没有反式脂肪这样的坏脂肪。由于它本身只带一点点味道，所以在料理过程中可让食材真纯本原的天然风味全部挥发出来——这也正是日本料理烹饪的核心原则之所在。加上有益健康和本身没有味道，菜籽油成为日本烹饪油的首选。请注意购买非氢化菜籽油。

自芝麻种子中压榨出的油，芝麻油。它有两种类型：轻淡，浓郁（也称烘焙过的）。较轻淡的芝麻油有更柔和的风味，颜色上也比浓郁的要浅。它强劲的香味是调味、提味的良好选择。芝麻油也可用作烹调油。天妇罗菜谱常常要求一半芝麻油一半菜油。我喜欢一关火就淋几滴芝麻油在炒好的蔬菜上，因为它的坚果浓香，我也用它作沙拉调料。

面包屑，日本的面包屑是一种十分现代的食材，用作辅料使炸过的食材表面清淡又清脆。（panko 这个单词结合了法语"面包"pain 和日语"细末"ko。）不像你惯常使用的面包屑，日本的这种 panko 其质地与其说是屑，不如说更像薄片。尽管 panko 并未列入本书菜谱中，但还是应该提一提，典型的家庭菜式，特别在孩子们中间广受欢迎的是炸薯条和炸猪排：裹上面包屑的猪排。

米饭，短粒白米是日本家庭料理的标配。它比中粒和长粒大米更水润和更黏一些。短粒糙米，或称玄米，是全谷物，高纤维的另一选项。第三种是发芽糙米（Haiga-mai）（从字面上理解，就是发了芽的稻米），部分抛光，去除掉米麸——稻米外层最硬的纤维状物质，保留了稻谷中最富营养、完整的胚芽部分。（这部分通常在磨坊的处理进程中被去掉，为了获得白米。）对有孩子的家庭来说，除非你已经在吃糙米了，否则我推荐玄米作为适宜之选，并且逐渐推荐孩子们吃糙米。因为孩子正在长身体（不是 5 岁以下了），会习惯于接受五谷杂粮为主食。我认为玄米比全抛光的白米味道更具坚果香味，但是不如糙米那么肉头。不像其他大米，玄米在烹饪前不用淘洗，只为保持其胚芽完整。

有许多高级短粒米在日本广受欢迎，如 koshihikari，hitomebore 和 akita-komachi 等。多样性品种的品牌冠军是 koshihikari，它是日本本土的老牌子了，旗下销售数种不同牌子的大米。由于它的好口感和质地，相信将它加入您的家庭料理一定是件怡心怡情的快事。

koshihikari 现如今已经在美国、澳大利亚、新西兰及英国有耕种了。我发现那里出产的大米吃起来与在日本的一样香。本地生产确切无疑没那么高的成本，也比从日本进口要易于接受。没准儿你偶然会想炫耀一下获奖的明星大米品牌 Uonumasan Koshihikari，它是在日本新潟 Uonuma 地区出产的大米，或者试试其他大牌子。

存储所有大米均需放在密封容器，置于阴凉干燥处，可保存一年之久。

米醋，日本料理除炸、蒸和煮之外，还有一个第四大类：加醋的菜肴，传统上是作为开胃小菜或边菜上桌的。米醋是用于这一类菜品的，由白米或糙米制成。普通米醋的颜色可由浅至金黄，糙米制造出的米醋颜色则是由棕褐色至发黑。糙米酿制出的米醋比一般米醋口感更温润——总体而言，日本米醋要比极富刺激性的西方醋醇厚、温和得多。甚至在做西餐沙拉时，我也更喜欢用米醋做沙拉酱汁，就因为它不像白、红酒醋那么酸。如果你吃过寿司，便会对米醋的味道很熟悉，因为寿司米饭就是和米醋、糖和盐的混合物一起搅拌的。

米酒也称清酒，大米颗粒发酵制成。不仅可作为趣味横溢的酒精饮料，也可作为必不可少的日本料理的佐餐之酒。将清酒加进慢炖菜肴、调味汁和调味品中时，它会减少鱼和肉的腥膻之气。现在有多种风格的清酒，分级高低取决于它的品质、价格和口味，从干到很甜的都有。因为米/清酒中的酒精会在烹饪过程中挥发掉，所以你可以给孩子的餐食中加入少量清酒，但尽管这样，我也没有将清酒列入菜谱中。

海菜——海带/海藻类——有营养，美味，具多种用途，且在日本料理中发挥着不可或缺的作用。海菜中碘、镁、铁、钙、核黄素和泛酸含量高。在冷沙拉中可完美体现其自然风味，并且在米饭和面条中会平添嘎吱嘎吱咀嚼的趣味。**海带 / 昆布**，在日本被认为是海藻之王。它也是一种海藻，片厚，叶状，呈棕绿色。在日本之外的国家，能购买到的昆布主要是干的，常常为 2.5×13 厘米到 13×25 厘米的长方形，与鲣鱼片一起用于制作清澈的鱼汤及储备用高汤。高汤在多种日本料理中作打底调味之用。昆布在炖、煮菜肴中的表现也是完美（可拌饭），干海苔可作零食。

*海苔 / 紫菜*指的是薄薄、扁平的干海苔，颜色从松针绿到紫黑色都有。如果你吃过寿司卷物，那你就吃过紫菜。它们是包住加醋米饭的那层易脆裂的墨绿色薄片（卷好后最终会变得柔软，可拉伸及比较耐嚼）。

饭团是一种非常受欢迎的日本小吃，它就是用海苔制作的。日本的每一间便利店都有一个区域专卖这种精致小巧的用海苔包裹住蔬菜或鱼类制作的饭团（或三角饭）。用于制作寿司的海苔，通常是烘焙过的，包装标签上标明"寿司海苔"。烘焙是为了放大海苔的风味，增强其嘎巴脆的质感。寿司海苔一般为 20 厘米见方的方形，一袋里有很多片。因为海苔一旦接触空气就会流失掉它的松脆，所以不管你做什么，都要谨记一次只取一片海苔出来，任何时间都保持袋子封着口。将海苔置于密闭容器或拉锁可锁死的袋子中贮藏。

碎海苔是超受欢迎的米饭、面条的装饰点缀。你可以买一盒海苔碎，或者自己在家剪剪碎也可以，把海苔剪成 5 毫米 ×2.5 厘米的细长条（我有时会剪成小方块）。调味海苔也可以，松脆的海苔片被刷上甜酱油底汁，往往一盒里只有几片小长方形的海苔。调味海苔包热米饭是日本人的普遍早餐，简单易做。你只是轻轻松松取一小片调味海苔，快速蘸一下放在一边的甜酱油，然后把海苔包住饭碗中一口大小的米饭，此外，再把调味海苔搞成小碎片洒在米饭上即可。

裙带菜在日本是一种很常见的海菜。裙带菜可用于汤，沙拉和荞麦面的浇头。在日本餐馆里吃味噌汤时，便时常会吃到小带子状的裙带菜。在日本，你可以买到绿长叶片的新鲜的裙带菜。日本之外的地方，可以买到塑料袋装墨绿色的干裙带菜。

芝麻，在日本家庭料理中，白芝麻黑芝麻可以给任何菜肴添上一抹坚果香气。我推荐购买完整的没有烘焙过的芝麻。芝麻可用来给炒蔬菜、豆腐、海鲜和肉菜做装饰点缀，也可以用来为蘸料汁加香。研磨芝麻使其变成碎片状后可用作敷料和调味汁。大多数日本厨师会用一个木杵在有螺纹的陶碗中——日本称之为擂钵——研磨芝麻。你也可以用食品料理机或木杵和臼自己磨芝麻，或者直接买现成磨好的。

七味粉是混合的七种辣粉，可给料理添加辛辣的似胡椒的风味。它明显混合了红辣椒，烘焙过的橘子皮，黑、白芝麻，山椒，海带和姜七种东西。你要是买不到七味粉，也可以用辣椒或辣椒粉代替，但是后者只会简单地让你辣那么一下，而不是像七味粉那样可能打通你的心窍。我偶尔会建议家庭料理中用一些七味粉供大人食用。

紫苏，薄荷属草本植物。紫苏叶子芳香微苦，与薄荷味道接近，心形叶片大约5厘米见方，锯齿状边缘，成熟紫苏有绿色和红紫色等不同颜色。在日本，整片紫苏叶子通常被用于制作生鱼片装饰品，和在天妇罗中作为原料。精细剁碎的叶子可用于豆腐和其他菜肴的调味品，干紫苏的红叶子可用来洒在热米饭上加味。初夏时，带着茎干的淡粉色紫苏花可用作时令品装饰并且可食。本书中所提及的紫苏均指绿色和新鲜的紫苏。

酱油也称 Shoyu，在日本家庭料理中发挥着多种作用。这种深棕色液体主要成分是大豆、大麦（或小麦）、盐和水，具有独特的浓郁气息，给日本料理赋予非一般的风味。将酱油添加进汤、调味汁、腌泡汁和调味料时，酱油便成为日本料理中必不可少的调味品，特别是作为寿司蘸汁时。尽管它有千般好，但是使用时还是务必要小心。许多西方国家的人在用酱油时犯了很多错误，没有注意到使用时应该小心谨慎。需要一个合适的用量，不能过量使用，酱油会给菜肴带来原生态的风味，只要别过量。

我建议你用低钠酱油（或淡酱油）。对我来说，低钠酱油的味道更好，或者至少跟普通酱油一样好。许多超市都有低钠酱油卖，本书菜谱中所提及的酱油也指的是低钠酱油。健康食品中流行使用的便是高品质、无麸质的品牌酱油 tamari——特别适用可能会对小麦中麸质过敏的人。它吃上去与一般酱油极为接近，并且也是低钠酱油品种之一。

茶，大麦茶中不含咖啡因，这是一种替代西方国家碳酸饮料的绝佳代用品。口感顺滑，温和，并且带着一些精巧的甘甜，是孩子们每日饮品的冠军首选。我为写这本书采访过的大多数日本妈妈，都是给孩子们喝水和 / 或清凉、不加糖的大麦茶解渴。冷大麦茶确是一种健康提神的夏日清凉饮品。

豆腐，从黄豆所制豆浆而来，后凝结成块。大多数豆腐颜色是白里带黄的，就像香草冰激凌。豆腐在日本绝对大众化，广受追捧和爱戴。它作为一种又像肉又像土豆的食材出现在广大日本家庭烹饪中，并且做法多种多样。在豆腐的众多优点中，高蛋白质含量尤为引人注目。其结果便是，豆腐特别可以成为各种肉类、家禽、海鲜等等的替代品。高品质豆腐具有精细微妙，清澈干净及清新的豆香。

我相信豆腐是最适合孩子们的食品之一：它柔软洁白，易于食用，就算是才开始吃固体食物的小宝宝也没问题。你可以往豆腐里添加你的孩子喜欢的味道，因为它自己本身并不带什么味道。

豆腐有着让人难以想象的多种做法和食法。可以被放进开胃小菜、汤、主菜、调味品、甜点里，你也可以就那么吃——不论热的、冷的——只要加上不同的配料即可。豆腐会用它宽泛的种类去提亮人们的味觉，就看打算怎么做它了。以蒸豆腐为例，这样会让豆腐变得丰满水润；炒呢，则变脆，紧致并颜色金黄美丽；炖，它会变得更加软嫩和多汁；用料理机或就是单纯地拌，豆腐就会变得像酸奶那样滋味浓厚。

你想往菜谱中多加些菜式，那就看看豆腐餐好了。美味好吃，解饱，并且还是健康的蛋白质加速器。在冰箱里或者橱柜里存上个四角纸盒装的豆腐吧。

市面上所见豆腐类型实为多种多样。大众所知的两类比较基本的，一类是丝一般的，一类是棉的，这两类的不同之处在于其紧致度。由于各豆腐生产厂商形容此两大基本款豆腐的不同品种时，所用语言并不全然相同，所以下面跟进一些相对全面的描述，希望能够帮助你更加全面地了解豆腐。

　　绢豆腐，超级精致细腻，瓷一般的颜色，从内到外都体现出奶油布丁一般的质感。这种丝滑质感的达成，是因为这样的豆腐——不同于棉豆腐——凝结时没有挤压消除出过多的水分。因为诱人的外表和"一向如此精妙"的口味，绢豆腐会被用来熬制精美的汤，或者冷藏后佐以各种配料凉拌了食用。由于绢豆腐太嫩，以至于用它做菜时，需把这易损易碎的豆腐块直接从容器里拿出放到自己的手掌心上，然后用另一只手拿把刀，非常小心地将它切成均匀的豆腐丁，再十二万分小心地把它们放在盘上，或滑入文火煮着的水或汤里。之所以这么轻拿轻放，是因为要力争保持豆腐完整成形，小小的豆腐丁漂浮在清汤锅里，看着是那么那么的美丽。要是在砧板上切绢豆腐，举例来说，在从砧板到盘子到锅子的传输过程中，就可能会有一些边边角角的破损了。

　　绢豆腐是封装在含水的密封袋子里售卖的，也有脱水无菌包装的。脱水包装指的是它可以放在货架上长久保存着。含水包装的品种上架时间就会比较短，打开包装后要尽快食用才好。

　　棉豆腐（在日本就这么叫它），也称硬豆腐、板豆腐，这种豆腐就没有绢豆腐那么易碎。虽然有"硬"的指代，但就着豆腐的质感来的，常常标签上写着"软""中硬""硬""特硬"。一般来说，本书中所言及的棉豆腐通常指的是硬质地的，虽然这只是不同口味的区别而已。

　　因为它的制作过程完全不同于绢豆腐，有一道工序是将豆奶中的凝乳从乳清中分离出来，然后再压紧凝乳，因此棉豆腐的质地要硬得多（即使那些被称之为"软"的品种）。棉豆腐有着比绢豆腐粗糙的外表和更加坚实的口感，也正因为此，它们更加适合炒着吃、炭烧、久煮等等。

炸豆腐也有的卖。炸过之后的豆腐会变硬，被赋予更为诱人的肉质感，作为汤和蔬菜类的配品再合适不过。香煎老厚豆腐，也称阿婆豆腐。薄油炸豆腐，炸的就是普通豆腐。不论厚还是薄的炸豆腐，炸过之后的豆腐表皮都会变成金黄，内里奶油一般润泽。我儿子喜欢稻荷寿司和 Kitsune 乌冬面里的薄煎豆腐。

炭烧豆腐，或称烤豆腐，用的是经烤过且表面留有烘焦痕迹的硬质棉豆腐。装在水润塑料袋中，和其他各种棉豆腐的分装一样，只是吃着会有点烟熏过的味道，在日本多被用于寿喜烧。

由于所有品种豆腐——除了防腐包装的绢豆腐之外——均容易变质，所以选购后务必于两日内食用。一旦开封，必须置于加盖冷水中冰箱冷藏。

山葵，在英国被广为人知的日本调味品。食用时，上颚会充斥着又劲又辣的味觉刺激。不像芥末 / 辣根那样——它是泥土里长成的，山葵是在寒冷的、日本高山上的浅水河流中长成的。山葵植物的根茎部分，也是它可食用的那部分，大约 2.5 厘米粗，8 ~ 15 厘米长。山葵的采收和培养十分昂贵，这也是大多数店家顶着山葵的名字而大卖便宜的替代品的根本原因。若你之前在日本餐馆里吃过价钱不贵寿司卷物或者生鱼片，你会有机会吃到那么一小坨淡绿色的酱料，只不过那是添了食用色素的芥末或者辣根粉和出来的酱料罢了。它是酸的，它尖锐辛辣，炽热难当，却味道全无。跟真正新鲜研磨制作出的山葵酱全然不同。现在日本之外也种植山葵了，找到本地的种植者，将其列入你的"特别时刻"餐牌之中。在英国，你可以从位于多塞特郡的 The Wasabi Company 在线订购山葵，这家公司长期向顶级餐馆的顶尖大厨们出售新鲜山葵。

除了寿司和生鱼片，山葵酱还常是冷荞麦面、冷豆腐，以及各种鱼类和炭烧鸡肉类的佐餐佳品。你可能也看到超市里有山葵味道的豌豆和海苔作为零食售卖。尽管它不适合孩子食用，我还是建议大人们可适当拿山葵当调味品佐餐。

柚子是很受大家喜爱的一种柑橘类水果，其外皮和汁液被用于众多需要添加进柑橘浓香和酸味的菜肴中。瓶装的柚子汁在日本专卖店中有售。也可用新鲜青柠或是柠檬替代柚子。

4.
日式家庭食谱

我希望你能受本书的启发，去尝试一些具有日本风味并且孩子也喜欢的食谱。这些食谱的口味可能和你孩子之前熟悉的口味有所不同，好在我已经考虑到这点，因此书中既有我儿时在日本长大最喜欢的食谱，也加了一些你和你的家庭可能会喜欢的食谱。这些食谱就像谁家妈妈的周日烤肉，谁家爸爸的烧烤，或者谁家祖母遍布于世界不同地区的意大利酱。日本传统家常食谱是一代一代传下来的，并且反映的是不同地域的特色，当然家庭主厨食谱可能就借鉴了其他人的智慧——朋友，亲戚，烹饪节目，杂志和网站。

所有食谱都是我母亲或我自己的原创，灵感大多数来源于日本家常菜中的主食菜肴。由于我妈妈不喜欢用笔记配方（因为都在她的脑袋里头），所以她常常即兴发挥，所以妈妈的食谱都是根据她的意见和见解经测试重新改写过的。对我来说，修改的目的是为了更贴近我在原材料及饮食模式方面的喜好，例如，倡导低盐和 / 或无添加的产品，烹饪中使用更少的盐、酱油、大酱和糖及更少的动物脂肪。

当然有时候我也会建议给餐桌上的成人或年龄较大的孩子稍微多加一点调味料。

像饼干和玛芬小松糕这类的西方食谱，我在比例上也进行了调整，还启用了许多替代品。例如，油代替黄油，全麦面粉代替白面粉，大豆、荞麦、藜麦粉和／或椰子粉替代小麦面粉，水果、蜂蜜和／或龙舌兰花蜜替代糖。几乎我所有的烘焙食品和煎饼都加了一点点亚麻籽、奇亚籽和蔬菜泥。

你们也可以这样试试，对家庭食谱的比例进行调整，尽量用蔬菜、水果和粗粮来替代其他。如果你晚饭想做意大利面，而家里的孩子又都在 5 岁以上，可以尝试用全麦或藜麦。酱汁也可以用大量的蔬菜及少量肉，并且少盐。上菜的时候用中号盘子，再配上蔬菜或随性小菜和一碗有大量蔬菜及豆腐的清汤，汤里可零星撒点肉作为点缀，又可以提高口感。

希望你可以带着孩子一起购物、准备食物并享受这一过程，建立一个健康膳食的"打包式"生活方式。

就像日本谚语说的那样 *"dozo, meshiagare"*，好胃口！

分量

以下食谱为 2 人份至 6 人份（成人）不等，具体参照说明。为小孩做的话，分量可由父母决定，酌情增减。剩饭剩菜可以盖起来，存放在冰箱里当下一顿健康餐或小吃。

计量单位转换

以下食谱为两种制式（公制和英制）均有，但转换并不特别准确，所以请选择一种制式，避免在配方中混淆。[①]

汤　类

青口味噌汤

贝类味噌汤是日本家常料理的主食。肉汤中贝类舒展的壳是如此挑逗，似乎在邀请食客抓住壳边享用。要小心哦，别烫着指尖，可用筷子或勺子巧妙地挑起来。汤的香味，锅中的蒸汽从肉汤中弥漫上来，与味噌居家的味道交融在一起，其美味会让食客无法抵挡。在我的美好记忆中，蛤蜊、小圆蛤和蚬常用在味噌汤和清汤里头，亚洲蛤经常被用在味噌汤和清汤这两种汤之中，我妈妈的东京厨房就常常飘出它们独特的香。选择使用青口这个食谱，是因为它们不仅味道鲜美，而且价格实惠。在日本当地，以及英国、澳大利亚、新西兰、加拿大和许多世界其他地区通通适用。

孩子吃贝类时有个有趣的事情，就是将肉从壳内分离的过程。由此给你稍稍的一个暂停，慢慢享受，慢慢体会。

（供 2 人份）

6 只带壳蛤蜊

1 汤匙低盐的红或白味噌

2 根打结的三叶或扁叶欧芹

1. 扔掉壳没有关上的蛤蜊。冷水下冲洗去除污物，再用清水冲洗几遍，洗净蛤蜊，直到水变清。为去除掉壳内沙粒，将蛤蜊浸泡于冷水中 20 分钟。洗净触角——从壳内突出来的泥线——在蚌壳

[①] 原文为两种制式，中文版仅保留公制。

中缝那里拉出来，丢弃。再冲洗干净。

2. 把 750 毫升冷水置于中号平底锅中。加入青口，煮沸。用木勺撇去浮沫。等青口壳张开就表示煮熟了，这表示仅仅几分钟后水就会沸腾了。轻轻搅动味噌，直到其完全溶解，关火。

3. 丢掉一直张不开壳的青口。将煮熟的青口分别倒入两只汤碗之中。将锅内的汤用木勺舀进碗中，以打结三叶结作为装饰。把一个中号碗置于桌子中央，用来盛空壳。

豆腐葱花味噌汤

味噌汤中炖入豆腐块和切碎的葱花，也许是世界上最典型的味噌汤标配了。如果你去过普通的餐馆并点过味噌汤，在绝大多数味噌汤中你都可以找到小小的豆腐丁和葱花。这道菜因味噌和豆腐而富含了双重蛋白质——这两样都是用黄豆做的。豆腐是你给孩子做日本料理且结合进自家饮食中的一种最为简单的食材。它很软乎，本身也没有什么味道，但可大大吸收进汤汁之味。我建议你用不同质地的豆腐尝试做做豆腐餐，然后再从中找出家人们最喜欢哪种。你也可以在汤中加入切碎的蔬菜，使汤头味道更加丰满，也给家人更多蔬菜的摄取量。

（供 2 人份）

700 毫升高汤

1 根葱，细细切碎

125 克硬质豆腐，冲洗干净并且切成骰子大小的块状

1 汤匙低盐红或白味噌，或者两者混合的味噌

1. 将高汤置于中号平底锅中，煮沸。倒入葱花和豆腐，搅匀，

再次加热至煮沸。减至中火再煮2分钟，或直至葱花变软。轻轻倒入味噌，关火。用木勺将汤盛进小碗中。

裙带菜味噌汤

这是一道将海菜介绍给孩子的绝佳菜肴。

（供2人份）

2汤匙干裙带菜

750毫升高汤

1根葱，细细切碎

1汤匙低盐红或白味噌，或者两者混合的味噌

1. 将裙带菜置于中号碗中，用450毫升水浸泡15分钟，或直至泡发和变软。控干水分，切成3厘米长条。

2. 将高汤置于中号平底锅，煮沸。倒入裙带菜和葱花，搅匀，再次加热至煮沸。减至中火再煮2分钟，或直至葱花变软。

3. 轻轻倒入味噌，关火。用木勺将汤盛进小碗中。

日式甘薯，南瓜，白腰豆和番茄汤

这样一道浓厚的汤菜可以独立成为一道菜。因为其内容食材所具有的甜，让这道菜独具天然甜香。由于食材被切得很碎，所以孩子们吃的每一口都会无比喜欢。

（供4人份）

100克大麦米

2汤匙菜籽油、葡萄籽油或特级初榨橄榄油

1根葱，切碎

　　1 根胡萝卜，切碎

　　1 根芹菜，切碎

　　2 瓣蒜，捣碎成蒜泥

　　180 克日本甘薯（白色果肉的红薯或者普通甘薯），削皮，切成 1 厘米见方的小块

　　180 克日本南瓜，削去硬皮，连皮切成 1 厘米见方

　　1 升高汤

　　2×400 克听装番茄菜泥，或 800 克番茄，切碎

　　175 克番茄酱

　　400 克罐头白腰豆，冲洗，沥干

　　1 大把新鲜扁叶三叶，切碎

　　4 汤匙新鲜九层塔，切碎

　　1. 锅中沸水煮大麦米 30 分钟，或据包装上所要求时间，煮至大麦米变软。控干水分，备用。将烤箱预热至 180 度，将油倒进大号隔爆砂锅或耐高温平底锅中，中火加热。将葱、胡萝卜、芹菜和蒜瓣倒入锅中，炒 5～7 分钟直至葱和芹菜变成淡棕色。

　　2. 加入甘薯和南瓜，烧 2 分钟。加入高汤，番茄菜泥和白腰豆，煮开。盖上盖子置于烤箱中 30 分钟，或直至蔬菜变软。翻搅煮熟的大麦米、三叶和九层塔，煮 2 分钟。

三明治和比萨

甜牛油果和玉米三明治

　　成熟的牛油果是一种营养价值高又方便省事的儿童食品，也是一种绝佳的"好脂肪"来源。这道牛油果和玉米三明治便是给孩子

的一道又简单又营养的美味。

（供 4 人份）

半个熟牛油果，去核，挖出果肉

1 汤匙现成苹果汁

2 汤匙罐头装奶油型甜玉米

8 片全麦或白面包

1. 将牛油果放进小碗中，加入苹果汁和甜玉米。均匀捣碎，分成 4 份。将每一份均匀涂抹在 4 片面包上，然后另外 4 片叠加。

2. 将面包 2 片 2 片码齐，用手掌轻轻向下挤压，如果孩子喜欢面包切掉 4 个边的，那么这时候就切去面包边。如果不用，那就让面包烤边留着好了。切成 4 片长棍形，适合幼儿和小童；切成三角形或长方形的适合大一点儿的孩子和成人。

皮塔饼迷你比萨

一种给孩子吃更多蔬菜的完美方式，这种比萨可作美味午餐或小吃。制作起来十分简单。

（做 6 个）

6 个全麦皮塔饼

6 汤匙全功能蔬菜番茄酱

6 汤匙摩擦成丝的 Mozzaella 干酪 [①]

特级初榨橄榄油，喷洒用

1. 预加热烤箱至 220 度。把皮塔饼摆在锡纸上。每个皮塔上用

---

① 一种意大利干酪，色白。

勺背涂 1 汤匙番茄酱，洒上 1 汤匙干酪，然后烤 5 ～ 7 分钟，直到干酪融化。淋一些橄榄油。可整个上桌，也可切成几块。

可添加不同馅料。可尝试切得细细的洋葱、蘑菇、芹菜或橄榄；胡萝卜丝或西葫芦丝；碎碎的嫩菠菜叶，嫩羽衣甘蓝叶子，嫩芝麻菜叶子；切成小块的菠萝；甜玉米，烤彩椒或甜菜根；熟海鲜，切片的鸡肉或火鸡肉；切碎的紫苏、欧芹或九层塔；烘好研磨过的芝麻或亚麻籽。

沙拉

鹰嘴豆酱拌冷黄瓜、豆腐沙拉

炎热季节上这道凉爽的沙拉当午餐或晚餐。吃到嘴里的黄瓜又脆又嫩，温和的植物蛋白酱汁美味无比。

（供 2 ～ 4 人份）

200 克黄瓜

一小撮海盐

50 克冷绢豆腐和鹰嘴豆酱汁

1. 将黄瓜对半一分为二，用勺子挖去籽。表皮抹上盐，然后斜切成 5 毫米片。将黄瓜片放入滤器中，等 30 分钟，让盐将黄瓜中的汁液逼出，然后再挤出剩余水分。

2. 将黄瓜放小碗，加入豆腐和酱汁，搅拌均匀后即刻开动！

夏日番茄豆腐沙拉

炎炎夏日，在当地的菜店、市场或农夫市场买一些又熟又甜又汁水淋漓的番茄吧。尤其是那种传统的老品种，它们会格外好吃。番茄本身的味道就很美味，你简直不用再加什么调料就能那么白着嘴吃了。这一菜谱需要油醋汁，但这是调味豆腐用的。这是一款带着说不出的美妙滋味的夏日沙拉，准会变成你的孩子夏天里的最爱。

（供2～4人份）

200克极硬豆腐，冲洗后切成1厘米见方小块

2个成熟的番茄，最好是不同颜色的传统番茄

1汤匙切碎的新鲜九层塔，紫苏或三叶

50毫升传统日本甜醋汁

新鲜研磨的黑胡椒（可选，供成人用）

1. 将豆腐块放进滤器中，控出多余水分，盖上盖子放在冰箱里冷藏备用。

2. 将番茄去芯，切碎。将番茄、豆腐和香菜等放进一个沙拉碗中。浇上调味酱汁，成人可按需加入黑胡椒。

柠檬调味汁拌甜菜根叶子沙拉

你看见连着绿叶子一起卖的甜菜根时，就像是买了两种菜但只花了一种的钱，赚了。我强烈建议你将根和叶子全都吃掉。做叶子时就像做甜菜、羽衣甘蓝和菠菜等其他绿叶子菜一般。

（供2～4人份）

300克甜菜根叶子，茎干去掉（见TIP）

柠檬汁

1茶匙糖

一大撮盐

1. 将一只大号平底锅加满水煮沸。放入甜菜根叶，中高火加热

30秒。控出水分，再过一下冷水。轻轻挤出叶子中多余的水分。用厨房纸巾或平纹细布用力拭干，放冰箱里冷藏备用。

2. 将柠檬汁倒入小碗中，加入糖和盐。搅拌均匀至糖、盐溶解。取出甜菜根叶，切成3厘米见方的小丁，挤出剩余水分，放入柠檬汁中。翻来覆去搅拌均匀后，即食。

TIP：甜菜根叶茎干可留着用于其他料理，炒菜或做汤。

主 菜

中碗鸡肉、鸡蛋盖浇饭

"Donburi"一词是指"中碗"，也用来指代整个"独脚菜"类别。独脚菜是指用一个单独的、中等尺寸的碗盛着主菜（蛋白质和蔬菜们），置于米饭顶部。午餐通常为盖浇饭，再配一碗味噌汤和一味小菜。流行的盖浇饭是鸡蛋鸡肉饭、猪排饭、明虾和素天妇罗，以及寿喜烧风味的薄片牛肉和蔬菜。上桌时配以一碗汤和素小菜。

（供4人份）

4只大鸡蛋

225毫升高汤

1个洋葱，对切，然后切成细条

1根小葱，斜切成细丝

半茶匙低钠或淡酱油

1茶匙糖

1茶匙盐

1茶匙米林料理酒

225克去皮、去骨的鸡胸，切成小块

1.5公斤热腾腾、松软的米饭。日本短粒大米（白米，发芽糙米，或糙米）生米500克

4片三叶，或是带小软茎的扁叶欧芹作装饰点缀

1. 在中碗中打鸡蛋，搅蛋器搅至蛋清蛋黄刚刚好混合。将高汤倒入中号平底锅中，大火加热。加入洋葱和葱丝煮至沸腾。减至中火煮五分钟，或直至蔬菜变软。

2. 将酱油、糖、盐和米林料理酒搅匀，倒入鸡肉中，煮3分钟。

3. 将搅匀的鸡蛋倒在鸡肉混合料理的表面，以使鸡蛋成形为外层。减至小火烹饪2分钟，或直至鸡蛋和鸡肉完全熟了。搅匀，然后关火。将米饭盛入4个碗中，将鸡蛋鸡肉混合菜浇在上头。最后以三叶、欧芹等点缀上桌。

超级牛肉 / 猪肉 / 嫩豌豆炒蛋

每个日本人家的主厨都有关于这道菜的独门秘籍，孩子们也特别喜欢吃，因为它有3种颜色：黄色、棕色和绿色。超级炒蛋的食材使用让孩子们更加爱吃这个菜，而且各种不同味道混搭得也特别好。

（供4～6人份）

1汤匙菜籽油，葡萄籽油或轻橄榄油

6只大鸡蛋

3汤匙高汤

1汤匙糖

一小撮盐

肉类：

1 汤匙菜籽油、葡萄籽油或淡橄榄油

200 克特瘦猪肉糜（见 TIP）

300 克特瘦牛肉糜

2 汤匙糖

1 汤匙低钠酱油

130 克嫩豌豆

500 克米饭（生米 140 克）

1. 将油在小平底锅中加热。在碗中放入鸡蛋、高汤、糖。油热时，减至中火，然后倒入碗中的鸡蛋混合物，用木质炒勺或一捆 3 双筷子快速翻炒，炒至鸡蛋开始凝固定形。加入一小撮盐，继续翻炒 2 分钟，或将鸡蛋炒至结块。出锅，备用。

2. 烹调肉类时，将油在小平底锅内大火加热。锅中加入肉，糖，酱油和一小撮盐。炒猪肉时，要不断用木勺或筷子翻动，以免肉糜结成块，炒 6 分钟或炒至全熟。出锅，备用。

3. 将嫩豌豆倒入微波炉使用的碗中，大火加热 30 秒。（或者水开后倒入，煮 4 分钟或煮至全熟。）控干水分，冷水过一遍回性。切成薄片备用。

4. 拿出 4 只中号碗给大人，或者 6 只小碗给孩子。每只碗中，大孩子舀两勺米饭，小孩子舀一勺。轻轻用湿叉子辅平米饭表面，要小心不要挤压到米饭或者按得太紧实了，让米饭相对平坦一些就好。大人舀 1/4 超级鸡蛋，孩子则是 1/6，要浇盖一半米饭；另一半米饭上再辅 1/4 的肉给大人，1/6 分量的肉给孩子。将鸡蛋和肉尽量各当半边米饭，在肉和鸡蛋相交的区域再辅上嫩豌豆。

5. 对低龄孩子来说，你可以把米饭、肉、鸡蛋和蔬菜混在一块儿，这样他们吃起来会更容易一些。

TIP：你可以用各种肉类的特细肉糜，可以是鸡肉、火鸡，自己随心所欲。只是要麻烦肉铺子的师傅再额外绞个两三次才行，要不然就拿回来家来，用家里的食品料理机再绞一遍。

你也可以用这道菜中剩下的食料做个"稻荷油豆腐皮"。

一锅煮"土豆、牛肉、洋葱砂锅"

这是一道美味的肉和土豆的大菜，在冬天尤其受欢迎。往桌上端上砂锅，再配上米饭和其他两样素食小菜。

（供 2～4 人用）

1 汤匙菜籽油

250 克瘦牛腰肉，切细丝

250 克土豆，去皮，切一口大小方丁

2 个洋葱，切细条

2 汤匙低钠或淡酱油

一小撮海盐

1. 将油在防爆砂锅或大号厚底平底锅中中火加热，炒牛肉 3 分钟，出锅，备用。锅中加入土豆和洋葱，炒 5 分钟。

2. 将牛肉倒回锅中，加 100 毫升水、酱油、盐。翻炒搅匀。松松盖上锅盖，减至中低火，炖 15 分钟，或直至土豆全熟，不时锅铲翻搅。

牛肉，蘑菇，蔬菜馅饺子

孩子们会喜爱这道汁水淋漓、能量满满的饺子的，再配上米饭、汤、豆腐、蔬菜小菜，着实是一道可以跟孩子一起做，并且做起来又相当有趣的餐食。我在还是小女孩时就知道站在妈妈旁边，学习怎么包上馅、合上饺子皮。在超市或亚洲食品店都有饺子皮卖。

230 克瘦牛肉馅

30 克中国大白菜或普通卷心菜，剁细碎

3 只新鲜香菇或其他蘑菇，剁细碎

70 克中国韭菜或韭黄，剁细碎

2 根葱，剁细碎

2 汤匙菜籽油，葡萄籽油或特级初榨橄榄油

海盐及新制的黑胡椒

蘸料汁：

50 毫升低钠或淡酱油

50 毫升米醋

半勺芝麻油

柚香七味粉，芥末（可选，成人用）

1. 将肉、大白菜、韭菜、葱置入大碗中。用一小撮盐调味，若你喜欢也可加入胡椒粉。用手搅拌至整碗馅料均匀。

2. 大火加热炒锅或厚底平底锅。锅热时减至中火，加入 1 汤匙油，旋转使油平均辅在锅内。加入饺子馅料，用锅铲翻炒 5 分钟。倒入烤盘或辅好烘焙羊皮纸的托盘上。

3. 小碗装满冷水。制作每一个饺子时，往饺子皮中央放一汤匙

馅料，然后轻轻用手指探进小碗沾一点水抹在饺子皮内沿上，这样做是让饺子皮利于封口。

4. 从饺子皮中间折叠，使上端贴合。从左到右轻轻挤压边缘，一边对着自己方向每 5 毫米做一个"之"形皱褶，一边按住封口贴实。将饺子放在事先准备好的烤盘中，卷起饺子边的一面向上，用湿平纹细布或厨用纸罩上。重复之前步骤包好剩下的其他饺子皮和馅料。

5. 制作蘸汁时，将酱油、醋和油用小碗或小罐子装好。放在一边备用。

6. 准备好足以盛下饺子的大烤盘，将其置于火上，大火加热。倒入剩下的油。油热时，减至中火，此时放入饺子，将饺子边一面朝上，煎饺子时不要盖锅盖，煎 4 分钟，或直至饺子底面呈淡棕色。

7. 往锅中倒入 225 毫升水，盖上锅盖，中火蒸 8 ～ 10 分钟，如果需要，中间可加一点水，直到饺子上端呈半透明状，下面金黄酥脆，锅内水分全部蒸发。蘸上调味汁食用。

TIP：你也可以使用其他富含蛋白质的食材代替牛肉，如果你愿意的话，可以试试牛肉猪肉混合馅——140 克牛肉，90 克猪肉——或者鸡肉、火鸡、鱼类、蟹、对虾。

一锅煮"鱼、豆腐和蔬菜"

这是一道海鲜版本的一锅煮鱼：快捷，美味，含大量蛋白质和蔬菜——而且孩子们还特别喜欢！

（供 2 ～ 4 人份）

250 克白色鱼柳、雪鱼、罗非鲫鱼、黑线鳕等，带鱼皮，但要仔细检查没有小鱼骨留在鱼肉上

200 毫升高汤

一小撮海盐

2 汤匙低钠或淡酱油

半个胡萝卜，斜切成 5 毫米厚细丝

50 克葱，切成 5 厘米长葱段

150 克硬豆腐，切成小方块

10 根红花菜豆，切成 5 厘米长条

半个青柠，柠檬或柚子汁，上桌时用

1. 将鱼柳切成 8 片。中号砂锅中倒入高汤，加盐和酱油，中火加热，最后加入胡萝卜和葱，煮 3 分钟。

2. 加入豆腐、菜豆和鱼，煮 5 分钟，或煮至鱼柳全熟，长勺撇去表面浮沫。将鱼柳蔬菜豆腐汤分装进碗，旁边摆好汤勺，上桌时挤入青柠或柠檬汁调味。

TIP：日本杂货店一般都有瓶装柚子汁卖。在调味品货架上找找看。

照烧鲈鱼

用照烧酱烹调的鱼柳带着诱人的焦糖色且美味至极。食用时，配上米饭，汤和两道小菜。你可以用这道菜中的照烧菜谱烧其他海鲜和鸡肉菜肴。

（供 2 人份）

2 块海鲈鱼鱼柳，每块 60 克

1 汤匙米林料理酒

2 汤匙低钠或淡酱油

一小撮盐

1 汤匙细碎葱花，装饰用

1. 将鱼柳置于深平底锅内，加入米林料理酒、酱油、盐和 2 汤匙水，中火加热 4 分钟。

2. 将鱼柳翻面，再煮 2 分钟，或直至鱼柳全熟。将鱼从锅内移至浅碗中，用勺子在其上洒上调味汁。葱花装饰点缀，上桌。

烤青花鱼

鲭鱼，又称青花鱼，是日本大众最爱的鱼类之一，富含欧米茄 -3 健康脂肪。日本传统早餐的一部分就有烤青花鱼，但是它在中餐晚餐中更受欢迎。吃鱼，特别是吃青花鱼和青鱼时，一定要注意给小朋友吃前小心择去细小的鱼刺。

（供 2 人份）

2 块青花鱼，择掉小鱼刺

120 克白萝卜或小萝卜，擦成细丝，挤去水分，控干（见 TIP）

低钠或淡酱油

1. 中火预热烤箱。将鱼置入烤盘，烤 4 分钟。翻面，烤 2 分钟，或烤至一片鱼的中心可用刀扎透。

2. 食用时佐以少量白萝卜丝。让每一食客淋几滴酱油在白萝卜上调味，然后可以就着白萝卜丝一起吃鱼。给小孩子吃之前，用叉子叉起鱼片，挑出所有刺，再三确认没有小刺留在肉里。

TIP：如果对孩子来说白萝卜丝太辣的话，那就挤几滴柠檬汁代替。

西兰花配烤野生阿拉斯加三文鱼

当野生阿拉斯加三文鱼和太平洋三文鱼夏季上市时，请好好拿这种入口即化，鱼之珍宝的海洋和河流特产款待一下自己和你的家人。三文鱼肉为亮眼的橙粉色，与其他鱼相比十分夺目。寻找"王鲑""切努克""红大马哈鱼""银鲑"等品种三文鱼。在三文鱼不再应季时，就用罐头装或冷冻的。

（供3人份）

1汤匙菜籽油，葡萄籽油或特级初榨橄榄油

半个大个洋葱，切细丝

200克西兰花，整理好的小花和茎

1汤匙米林酒

1汤匙低钠或淡酱油

海盐和现磨黑胡椒

2块三文鱼柳，每块约115克

120克白萝卜或小萝卜，擦成细丝，挤去水分，控干

2汤匙海苔碎

2片欧芹或香菜叶，作装饰用

低钠或淡酱油，吃时用

1. 大火加热锅内油。减至中火，放进洋葱，炒5分钟，再放进西兰花，炒3分钟，或炒至西兰花呈翠绿色又脆又嫩。倒入米林酒、酱油、2汤匙水、盐和黑胡椒粉，再煮3分钟。关火，备用。

2. 预热烤箱至大火。减至中火，将鱼放在烤架上。烤4分钟，

翻面，再烤2分钟，或烤至一片鱼的中心可用尖刀扎透。把炒好的蔬菜和烤鱼分成平均2份，置于中号盘中，上用少量白萝卜丝装饰，或挤上柠檬汁，撒上海苔碎和欧芹嫩叶。让进餐的人在白萝卜丝上滴几滴酱油调味，然后可以就着白萝卜丝一起吃鱼。

野生三文鱼和芦笋炒饭

炒饭，源自中国，是很受欢迎的饭食，特别受到孩子们的喜欢。所有食料都是炒过的，调好味道混合在一起，简单易做又好吃。炒饭是一道可以将冰箱里的各种食物、食材一网打尽一锅端的菜牌。这道菜用的是罐头装的三文鱼。吃时蘸淡酱油。

（供2人份）

300克芦笋

3汤匙菜籽油、葡萄籽油或特级初榨橄榄油

2只鸡蛋，打匀

200克洋葱，切碎

20克葱，切葱花

一小撮海盐（如果使用罐头装盐渍三文鱼，那就不要再加盐）

半汤匙低钠或淡酱油

200克罐头装野生阿拉斯加三文鱼或红大马哈鱼，水中浸泡，控干

750克日本短粒大米米饭（白色，发芽糙米或糙米）（210克生米）

1汤匙新鲜香菜碎末

现磨黑胡椒

1. 将芦笋上的木质茎切成 5 毫米长段。放一边备用。

2. 将锅或者大号深底煎盘置于火上，大火加热。加 1 汤匙油，均匀辅于锅底。油热后放进打好的鸡蛋——它们会立刻在中心处胀起，边缘处冒小泡泡。鸡蛋炒 2 分钟，或直到中心部分不再冒泡。将蛋饼翻面再炒 1 分钟。盛到盘中。俟蛋饼凉好，将其撕成一口大小的块。

3. 在锅内加热剩下的油，然后加入洋葱和芦笋。中高火翻炒 2 分钟。如果需要加盐、酱油。减至中高火加入三文鱼、米饭、撕好的鸡蛋饼和香菜末。用锅铲弄碎三文鱼。翻炒 3 分钟，或直至米饭和三文鱼都变烫。分装中号餐碗食用。

煸炒五色时蔬豆腐

孩子们常常喜欢炒蔬菜。这道五彩缤纷的菜式好看又好吃，还添加了富含蛋白质的豆腐。

（供 2 人份）

1 汤匙菜籽油，葡萄籽油或特级初榨橄榄油

1 个洋葱，切片

2 个蒜瓣，捣碎

50 克冬葱，切碎

120 克胡萝卜，斜切成 5 毫米厚丝

1/4 个西兰花，掰成一口大小尺寸

250 克西葫芦，斜切成 5 毫米厚丝

2 汤匙甜鱼汤调味酱油

100 克特硬豆腐，冲洗后切成 2.5 厘米块

1个红椒，去籽，切细丝

1汤匙芝麻油

2根香菜，装饰用

现磨黑胡椒（可选，成人用）

1. 将锅或者大号深底煎盘置于火上，大火加热。减至中火加入洋葱、蒜、冬葱、胡萝卜。炒3分钟。加入西兰花，再炒3分钟。加入西葫芦。继续炒3分钟，或直至胡萝卜脆嫩全熟。

2. 加入100毫升水与甜鱼汤酱油，煮3分钟。加入豆腐和红椒，来回煸炒2分钟，直至大多数调味汁蒸发掉。淋上芝麻油。抛掂食物，关火。移至大号餐碗，用香菜装饰，如果你喜欢的话，吃时撒上黑胡椒。

日式甘薯蔬菜寿司米盖浇饭

这种甜甜滋味的甘薯和蔬菜混合着寿司米饭中的甜醋香气。配餐时选用富含蛋白质的小菜和汤。

（供2人份）

2只干香菇

2汤匙低钠或淡酱油

1汤匙米林料理酒

一小撮海盐

150克日式甘薯（红薯，白薯），去皮，切成1厘米块

200克胡萝卜，切碎

100克芹菜，切碎

50克葱，切成3毫米厚丝

750 克加醋寿司米饭（生米重约 210 克）

10 克烘烤过的白芝麻

1. 将香菇放小碗，加 100 毫升水。浸泡 20 分钟。将香菇水倒入小碗，调入酱油、米林酒和盐。轻轻挤出香菇中水分，切去根茎，菇冠部分切细碎。

2. 将甘薯放入中号平底锅中，加入胡萝卜、芹菜、葱、香菇和泡香菇的水。中火煮 15 分钟或直至蔬菜全熟。（也可将蔬菜和鱼汤混合，放在微波炉蒸器中，用微波炉大火煮 2 分钟，或据使用说明书。）

3. 将每只装好加醋寿司米饭的碗盛一半饭，将煮好的蔬菜盖浇上去。撒芝麻点缀。

素馅饺子

素馅饺子是可提高家庭连同低龄幼儿每日蔬菜摄入量的美味佳肴。如果你有一群食素的好朋友，也可以把它们制作成快乐聚会家庭装的。

（供 4 人份）

100 克大麦米

75 克大白菜，剁碎

75 克胡萝卜，摩擦细丝，剁碎

5 个鲜香菇，去根茎，帽冠部分剁细碎，栗蘑也可以，剁碎

45 克韭菜或蒜黄，韭黄，或者大葱，剁碎

2 根香葱，切碎

2 汤匙菜籽油，葡萄籽油或特级初榨橄榄油

24 个圆形饺子皮

海盐和现磨黑胡椒

七味粉或芥末（可选，成人用）

蘸汁：

50 毫升低盐或淡酱油

50 毫升米醋

半汤匙芝麻油

1. 将大麦米置于锅内，沸水煮 30 分钟，或者据包装上的产品说明，直至变软，控干，备用。将大白菜、胡萝卜、香菇、韭菜和葱置于大碗中，用几撮盐调味。用手搅拌食材充分混合。

2. 将锅或者大号深底煎盘置于火上，大火加热。等锅热了减至中火，加入 1 汤匙油并将油晃动铺匀锅底。加入各种蔬菜用锅铲翻动。炒 5 分钟。关火，加入大麦米，反复晃动直到食材混合充分。烤盘上辅好羊皮纸。

3. 小碗中装冷水。制作每一个饺子时，往饺子皮中央放一汤匙馅料，然后轻轻用手指探进小碗沾一点水抹在饺子皮内沿上，这样做是让饺子皮利于封口。

4. 从饺子皮中间折叠，使上端贴合。从左到右轻轻挤压边缘，一边对着朝里的方向每 5 毫米做一个"之"形皱褶，一边按住封口贴实。将饺子放在事先准备好的烤盘中，卷起饺子边的一面向上，用湿平纹细布或厨用纸罩上。重复之前步骤包好剩下的饺子皮和馅料。

5. 制作蘸汁时，将酱油、醋和油用小碗或小罐子装好。放在一边备用。

6. 准备好足以盛下饺子的大烤盘，将其置于火上，大火加热。倒入剩下的油。油热时，减至中火，此时放入饺子，还是饺子边一面朝上，煎饺子时不要盖锅盖，煎 4 分钟，或直至饺子底面呈淡棕色。

7. 往锅中倒入 225 毫升水，盖上锅盖，中火蒸 8 ～ 10 分钟，如果需要，中间可加一点水，直到饺子上端呈半透明状，下面金黄酥脆，锅内水分全部蒸发。蘸上调味汁或七味粉（如果你喜欢的话）食用。

米

蓬松的日本短粒米饭

制作 650 克米饭，约 4 碗

炉灶煮饭法

300 克短粒白米，或发芽糙米，短粒糙米

1. 发芽糙米免淘洗。一些品牌的白米或糙米免洗，所以请先阅读包装上的说明指南。另外，如果使用白米或糙米，洗米时要将米粒放在中碗里加入冷水覆盖。用手搓洗将淀粉洗掉，然后用手挡着米，倒掉混浊的洗米水。重复这一洗米动作 2 到 3 次或更多，直到搅动围绕米粒的水已经几乎澄清为止。用密网眼滤网控出水分。

2. 将大米放进中锅。向白米或发芽糙米加入 340 毫升水，糙米加 410 毫升水。白米和发芽糙米应在水中浸泡 20 分钟，而糙米则需要浸泡 60 分钟——可能更长，甚至整夜——直到泡发鼓起。

3. 盖上锅盖，将米煮沸。减至小火，白米和发芽糙米需文火煮 15 分钟——糙米要煮 30 分钟，或直至所有液体蒸发掉。关火，让

米饭在锅里焖 10 分钟。等到要上桌时，再用湿木勺或塑料饭铲或勺舀出这蓬蓬松松香之又香的米饭。

4. 你可以事先就把饭先焖好，降到室温，盛一些出来放到单个容器里放在冰柜冷藏。然后用微波炉除霜，可以仍然像才做出来的那样松软飘香。

电饭煲煮饭法

300 克短粒白米，或发芽糙米，或短粒糙米

1. 与在炉灶上煮饭一样先洗米。将米倒进电饭煲煮饭内胆中，根据生产厂商说明书加水。视你需要哪种饭来设定煮饭模式，看是白米、发芽糙米还是糙米。白米和发芽糙米应在水中浸泡 20 分钟，而糙米则需要浸泡 60 分钟——可能更长，甚至整夜，直到泡发鼓起，然后开启电饭煲。电饭煲煮好后会自动保温（大约 20～30 分钟时间，看你所选模式）。米饭煮好后不揭开盖子再焖 10 分钟。上桌前用湿饭勺或塑料饭铲或勺将米饭轻轻划蓬松。

饭　团

这种饭团是从日本古代一直流传至今的小吃、郊游餐食、上班时午餐带的便当。

（做 6 个）

85 克阿拉斯加野生三文鱼或其他三文鱼

400 克熟日本短粒米饭（白或发芽糙米）或两种米混合的米饭（生米 110 克）

6 片紫菜（3×10cm）

1. 中火预热烤箱。将三文鱼置于烧烤架上，烤 6 ～ 7 分钟，直到全熟。放凉。去三文鱼皮，并将其分为 6 份。

2. 用小碗水双手蘸湿，为的是防止米饭粘在手掌上。将一小坨米饭放在手中，用另一只手的大拇指在中心处按出一个深凹陷。

3. 将一片三文鱼置于凹陷中，然后用其他米饭包住它。两手轻轻挤压米饭成圆形，往复轻按几次，直到包结实了。重复以上步骤，把剩余三文鱼也同样包好，每次记得把手放到碗中打湿。

4. 用海苔将每个饭团包好，即可食用。

TIP：捷径是直接用罐头装阿拉斯加三文鱼。

寿司专用醋饭，又名寿司米饭

稻荷寿司和其他寿司、寿司卷物就是使用这样的米饭做的。

1 片干昆布海苔（10 厘米见方）

400 克短粒白米，或发芽糙米，或两种混合的均可

2 汤匙和 1 茶匙米醋

2 汤匙糖

1 茶匙盐

1 茶匙米林料理酒

1. 昆布海苔浸泡在 500 毫升水中大约 1 小时，泡好备用。按包装上说明书规则淘洗大米，在滤器中控出水分，放在一边晾至少 30 分钟，最好是 60 分钟。

2. 将醋、糖、盐和米林酒混合放在小锅中小火加热使糖溶解。放一边备用。将米放进电饭煲，按下开关前再浸泡 10 ～ 15 分钟，然后将电饭煲设定为寿司或者普通煮白米饭模式，开启。电饭煲煮

好饭后会自动保温（大约 20 ～ 30 分钟时间，看你所选模式）。（另外，如果在锅里煮饭的话，将米置于中号锅中，用严丝合缝的盖盖好，使其浸泡 10 ～ 15 分钟至泡发，然后再遵循炉灶煮饭法煮饭。）关火，让米饭在锅里焖 10 分钟，中途不要揭盖子。

3. 打湿浅口木质寿司饭桶，或者大口砂锅时，要浇上醋（见 TIP）以便米饭发黏。将米饭倒进饭桶。轻轻用湿饭勺或勺子让米饭保持蓬松。

4. 将醋淋在米饭身上。用饭勺轻轻横向切割，而不是挤压米饭，以手当扇或是在饭上挥动一个塑料板给米饭降温。用干净的蘸醋湿布蒙上。

TIP：制作用来打湿双手，饭桶及切寿司卷刀子的醋水时，可用 2 汤匙米醋和 250 毫升水。照此法，如果需要可制作更多。

寿司醋米—大麦米

此食谱是我自创的，因为我想将大麦放进我们的日常餐饮中来。用这种米做寿司卷物，稻荷寿司和其他寿司大餐。共 950 克。

1 片干昆布海苔（10 厘米见方）

200 克短粒白米

200 克短粒发芽糙米

100 克大麦米

100 克珍珠米

4 汤匙米醋

2 汤匙糖

1 茶匙盐

1 茶匙米林酒

按照寿司醋米饭，也称寿司米饭的步骤制作。

细寿司卷

因为寿司卷如此受欢迎，并且几乎已经成为日本在世界的标志性食物，我相信在家做寿司一准儿是个绝妙的方式，又能让你的孩子从中得到相当的乐趣，又能将日式餐饮模式呈现出来。寿司卷——就像饭团一样，相当于西方国家的三明治——既可以配上汤作为主餐，也可以作为健康美味的小点心。你能够将寿司卷放进便当盒当午餐，又可以带着它们野餐去，也可以做寿司卷物拼盘，卷入各种食材。

（做 1 个卷）

醋水（见 TIP）

1 片紫菜

80 克熟寿司米（25 克生米）

半茶匙山葵酱（可选，成人用）

40 ～ 60 克你喜欢的包裹物，如熟海鲜，胡萝卜丝，细黄瓜条

1/4 个牛油果，切片

低盐酱油，备用

1. 配制醋水。将全干的卷寿司小竹帘，以竹篾横向排列方向铺在工作台面上。放上紫菜，粗糙的一面朝上，横向摆在竹帘上，用醋水湿手，将米饭置于紫菜上，用手指尖轻轻铺排开，不要捻碎米粒。米饭在整张紫菜上铺排均匀——但是注意留出顶部 1 厘米作封口之用。按需要在米饭中心处抹上山葵。

2. 将包裹的馅料在米饭主体位置的山葵上横向排布均匀。拿起竹帘，从近自己这边开始卷动，用指尖轻轻推紧卷物，让竹帘前端与米饭顶端会合，再接着卷下去，卷成一个圆筒形。

3. 将寿司卷横向放在干燥砧板上，用厨房抹巾蘸上醋水抹在锋利刀片上，然后用刀将寿司卷切成 6 份。每一刀都用抹巾擦拭一下。吃时蘸一小碟酱油。

太卷 / 肥寿司卷

这种厚大寿司卷要比细卷大得多。通常用富含蛋白质的食材和蔬菜做馅料。

（做 1 个卷）

醋水

1 片紫菜

120 克寿司米（生米 35 克）

2 茶匙烘焙芝麻

半茶匙山葵（可选，成人用）

60 ～ 80 克自选馅料，可为 50 克三文鱼，20 克胡萝卜丝，黄瓜，切细丝，1/4 个牛油果，切片

低盐酱油，备用

1. 制作醋水。用保鲜膜将小竹帘包裹起来，或将其置于自封袋中，以使米饭不会粘在竹帘上。将竹帘放在工作台面上，以竹篾横向排列方向铺在工作台面上。铺上紫菜，粗糙的一面朝上，横向摆在竹帘上，用醋水湿手，将米饭置于紫菜上，用手指尖轻轻铺排开，不要捻碎米粒。米饭在整张紫菜上铺排均匀——但是注意留出

顶部 1 厘米作封口之用。

2. 均匀在米饭上撒上芝麻，翻过面来，米饭一面朝下，现在紫菜那面对着自己。如果需要，可沿着米饭中心处抹上山葵。

3. 将馅料在米饭主体位置的山葵上横向排布均匀。拿起竹帘，从近自己这边开始卷动，用指尖轻轻推紧卷物，让竹帘前端与米饭顶端会合，再接着卷下去，卷成一个圆筒形。

4. 将寿司卷横向放在干燥砧板上，用厨房抹巾蘸上醋水抹在锋利刀片上，然后用刀将寿司卷切成 6 个均等份。每一刀都用抹巾擦拭一下。吃时蘸一小碟酱油。

豆腐皮饭团

它是随着饭团应运而生的，这种小小的豆腐皮是午餐便当盒和野餐时的主理成分。它是薄且油炸过的豆腐皮，可用甜鲜酱油烹调，是一种简单便携的午餐或小吃，特别是对于喜欢甜食的孩子（长大了也这样）而言。

（12 个豆腐皮）

190 克加醋米饭（生米 55 克）

2 汤匙烘焙白芝麻

75 克按超级炒蛋的标准制作的肉糜或鱼类

12 个饭团

1. 大碗里，放入醋米饭、芝麻、超级炒蛋和肉糜。用湿饭勺来回搅拌均匀，注意不要挤压米饭。

2. 将醋米饭分为 12 份。就像分皮塔饼那样轻轻分开豆腐皮的两边。用水沾湿手掌，小心制作椭圆形饭团，并且将饭团塞进豆腐皮里，合上豆腐皮的两边收紧。室温食用。

毛豆饭

用富含蛋白质的毛豆饭代替普通白米饭，可做早餐、午餐，还有晚餐，配一碗汤和两三个蔬菜小菜。如果你找不到毛豆，用豌豆也好。但是如果有时令的新鲜毛豆，那就能在炎炎夏日做出一碗超可爱的米饭来！

370 克日本短粒白米或发芽糙米

225 克新鲜去皮毛豆，或带壳冷冻毛豆，或豌豆

1. 据产品包装上的说明要求洗米。煮饭时置于中号锅中。加570 毫升水，让大米在水中浸泡 20 分钟直至泡发。

2. 在米饭顶部加上毛豆，但是不要搅拌它们。盖上锅盖煮开。减至小火文火煮饭 15 分钟，或直至水分蒸发掉。关火，不要揭开锅盖，让米饭在锅中再焖 10 分钟。开饭前，用湿饭勺和塑料饭铲将毛豆和米饭搅蓬松。

面　条

沙丁鱼、菠菜荞麦面

罐头装沙丁鱼很便宜又有营养，是一种可以存在橱柜中的有益食物。浓郁的沙丁鱼配上有嚼劲儿的肉汤汁荞麦面是一道美味的好餐食。

（供 4 人份）

500 克菠菜，去根

1 升高汤

50 毫升米林料理酒

50 毫升低盐或淡酱油

1 茶匙糖

1 茶匙盐

450 克干荞麦面

120 克罐头装无骨沙丁鱼，控去水分

1 根香葱，切细碎，4 片小香叶或扁叶欧芹嫩叶，作装饰用

七味粉，成人按需添加

1. 将一大锅水烧开。加入菠菜叶子，中高火焯 30 秒。控出水分，过冷水。轻轻挤压叶片，挤出剩余水分。用厨用纸或平纹细布紧紧裹上放冰箱里冷藏，用时再拿出来。

2. 将高汤倒进大锅，大火加热，加入米林料理酒，酱油，糖和盐搅拌匀，加热至沸腾，然后关小火让汤保温。

3. 将大锅水大火加热。下入面条，搅动以免黏连。煮面 6 ～ 8 分钟，或按包装袋上的说明看所需时间，煮至全熟。在滤器中用冷水冲洗，控出水分和附着淀粉。

4. 隔着纱布将菠菜水分挤出，将菠菜切成 2.5 厘米小段。

5. 将这一锅重新煮沸，将面条分成 4 大碗，在面条上摆少量菠菜和沙丁鱼，再浇上肉汤，每一碗面用香葱花和三叶欧芹嫩叶装饰。开饭前大人可洒些七味粉。

凉爽夏日荞麦面沙拉

日本人在夏天常吃凉面消暑降温。这道菜不是从冰箱里拿出来那么冷，而是室温食。这一食谱可用于其他各种面条，详情参见本

书之前篇章"发现日本食材"。

（供 2 人份）

125 毫升高汤

5 茶匙米林酒

5 茶匙低盐或淡酱油

200 克干荞麦面

一把冰块投进冰水中

2 只大鸡蛋

120 克硬豆腐，控去水分，粗略切一下

2 汤匙菜籽油

1 个洋葱，对半切成细丝

2 个蒜瓣，碾碎

装饰：

1 根香葱，切葱花

1 汤匙芝麻或亚麻籽，干焙好

1 汤匙切碎紫苏（可选）

1 汤匙切碎香菜末

半茶匙现磨山葵，或者店里买的芥末酱，成人用（可选）

1. 将高汤倒入小锅中，大火加热，加入米林酒和酱油。煮至沸腾，关火，使其冷却至室温。（想加速冷却的话，就将其放进小金属碗中，再将小金属碗置于大一号装了一半冰和冷水的碗中，不时搅拌一下汤汁。）

2. 将一大锅水大火加热至沸腾。加入面条，不时搅拌以免黏连。煮面条 6～8 分钟或据包装袋上说明所需时间，直至面条全熟。

滤器控出荞麦面汤汁，且用冷水冲去汤中淀粉。开动前，将荞麦面投入冰水中收紧，然后控出水分。

3. 将鸡蛋置于食品料理机或绞碎机中，加入豆腐，打成糊。中高火加热中号锅中1汤匙油，油热时，倒入鸡蛋和豆腐糊。翻炒3分钟或至底面金黄。将鸡蛋豆腐饼翻面，再炒2分钟，或直至此面也变为金黄。将蛋饼移到砧板上，切成8块。放在一边冷却，备用。

4. 中高火加热剩下的油。油热后加入洋葱和蒜，炒3分钟直到洋葱炒成半透明。放在一边备用。用碗盛面条，浇上洋葱和蒜末及鸡蛋豆腐碎，然后再浇上高汤。让食客们自己酌情加进桌上的香葱碎，芝麻或亚麻籽，紫苏，按需加入香菜碎和芥末。

TIP：你可以在专门营销日本食品或是蒐有世界各地各种调味品的店里购买现成的蘸汁，用以代替本菜谱中的调味汁。购买的调味蘸汁包装标签上常常会标记上"荞麦面蘸汁"等字样，或者其他类似标注。

油豆腐皮乌冬面

这是一种非常基础的白乌冬面，浇上薄薄的油炸豆腐浇头——薄油炸豆腐可在日本食品杂货店买到。它是典型的深受儿童喜爱的面食。在寒冷的冬日吃得暖暖和和，作午餐也特别方便快捷。吃时配以时蔬小菜。

（供4人份）

2块薄片油炸豆腐

1升高汤

50毫升米林料理酒

50毫升低盐或淡酱油

1茶匙糖

1茶匙盐

450克乌冬面

1根葱，切成葱花

1汤匙烘焙白芝麻或亚麻籽，装饰用

1. 煮沸一小锅水，加入油豆腐皮，中火煮1分钟，不时搅动（旨在去除过多油脂）。控干，冷却后挤出多余水分，切成1厘米长条。放在一边备用。

2. 制作面条汤汁，将高汤倒进大锅，大火加热，淋入米林料理酒、酱油、糖、盐。将汤头煮沸，然后减至很小火保温。

3. 大火煮沸一大锅水。下入面条，搅动以免黏连。煮面5～6分钟或者根据食品包装标签上所需时间，直至全熟。控好水后将与豆腐皮等量的面条置于深碗中。面条和油豆腐皮上浇上肉汁。以葱花和白芝麻点缀装饰。

小 菜

炒豆腐三文鱼

这是可以快速搞定，含蛋白质丰富的一道菜。吃时配米饭，汤和时蔬小菜。

（供2人份）

200克菜籽油，葡萄籽油或特级初榨橄榄油

50克罐头装阿拉斯加三文鱼，冲水，沥去水分

一小撮海盐

2 汤匙甜鲜调味酱油

现磨黑胡椒，成人用（可选）

3 根葱，切成葱花，装饰用

1. 用厨用纸巾将豆腐包上，放入微波炉安全的容器中，微波加热 3 分钟。（也可以用厨用纸巾包上豆腐，用手挤出豆腐中水分。）

2. 在中号锅中将油大火加热，油热了，减至中火，放入豆腐，用勺子或锅铲将其粗略分成大块。加入三文鱼，分成大块，与豆腐块混合在一起。撒上盐和黑胡椒及调味汁。关火。这道菜适宜趁热吃，葱花装饰。

沙丁鱼和樱桃番茄

用油烹调鱼时会减少其腥味，并让孩子们更喜欢吃。在橱柜中储存一些富含欧米茄 -3 的沙丁鱼罐头，以利于在煮这样的餐食时无须再花时间去准备。樱桃番茄甘甜多汁，也能当零食小吃吃。

（供 2 人份）

1 汤匙菜籽油，葡萄籽油或特级初榨橄榄油

120 克罐头装沙丁鱼，冲水，沥去水分

10 个樱桃番茄，对半切

1 根香葱，切成葱花

半个柠檬，切两瓣，备用

海盐和现磨黑胡椒

1. 在小号不粘锅内大火加热油。减至中高火，加入沙丁鱼。加入一小撮盐和黑胡椒，烹调 2 分钟。

2. 加入番茄和葱花，再煮 2 分钟。吃时在鱼上挤上柠檬汁。

文火慢炖萝卜豆腐

由于萝卜会慢慢地吸收汤汁，它天然的甘甜与肉汁混合起来，创造出一种愉悦的感觉在口腔中蔓延。豆腐更加精巧和柔滑。

（供 4 人份）

400 克白萝卜，切成一口大小的块

600 毫升高汤

1 茶匙海盐

1 茶匙糖

1 茶匙低盐或淡酱油

250 克硬豆腐，冲洗，切成一口大小的方块

1. 白萝卜和高汤放进中号锅，中火加热至沸腾。减至中低火，加盐、糖和酱油。部分加盖炖 50 分钟，不时搅动，直至白萝卜收进 2/3 的汤汁。

2. 加入豆腐煮 10 分钟，或煮至白萝卜和豆腐几乎收进全部汤汁。盛碗，可食。

甜味噌烩茄子红椒

日本茄子又细又长。在英美等国际茄子的形状之外还有一个很重要的不同就是，日本茄子的茄肉更紧致和肉感。尽可能试着寻找在本地出产的日本茄子，要不然也可以用地中海茄子代替，它跟日本茄子有相似的特色。

（供 4 人份）

450 克日本或地中海茄子，去皮，切成一口大小的块

225 毫升菜籽油

2 个红椒（或黄椒）去籽，切成一口大小的块

4 茶匙甜红味噌

1 茶匙烘焙白芝麻

半茶匙芝麻油

1. 将茄子浸入一碗水中，泡 5 分钟。沥干，用厨用纸巾充分擦干其水分

2. 将大锅中的油中火加热至厨用温度计的 180 度。（可用一块新鲜面包试油温，如果面包表面隆起，立刻变成金黄，那么就是油温足够高了。）

3. 小心将茄子置于油锅中，炸 3 分钟，调整油温，使其一直保持在 180 度左右，旋转往复将茄子各个面都炸 1～2 分钟，或者炸至茄肉软了。撕一小块茄子下来测试茄子炸透与否：你从任何位置都可以轻易将茄肉撕开即可。

4. 将茄子移至沥油架上，铺两层纸巾吸去油脂。将锅中油倒进金属容器内。（丢弃或其他菜式留用。）

5. 锅内仍然有少量油。中高火加热，加入红椒。翻炒 2 分钟或直至红椒变成亮红色。放入茄子和甜红味噌，轻轻翻炒，让蔬菜们充分沾上汤汁。装盘，撒上芝麻，淋上芝麻油。

柠檬汁和酱油蒸菜蔬

这道菜吃时洒上柠檬汁和酱油，成年人会加一些姜。小小调味却调出了大大的味道，孩子们（和大人）都特别喜欢。

（供 4 人份）

200 克土豆，去皮，切成一口大小块

1 个洋葱，对切成细薄片

200 克绿、橙、黄，分别去籽，切细条

300 克西葫芦，切细条

300 克黄色西葫芦或扁南瓜，切条

吃时：

2 个柠檬，挤汁

低盐或淡酱油

1 厘米大小 1 块鲜姜，去皮，切细丝。成人用。

1. 水开后，将土豆和洋葱置于蒸笼内，中火蒸 10 分钟，加入各色甜椒继续蒸 5 分钟，或直至土豆全熟、其他蔬菜脆嫩。（或者用微波炉蒸器笼屉，微波炉全火力蒸蔬菜 1 ～ 3 分钟，直到脆嫩，或根据蒸器笼屉 / 微波炉的使用说明定所需时间。）

2. 吃时挤上桌上的柠檬汁和酱油，成人可加姜。

甜芝麻酱拌嫩时蔬

甜芝麻酱拌菠菜在日本家庭料理和世界众多的日本餐馆中常常是作为小菜上桌的。这道菜因为是甜的，所以深受儿童喜欢。可用于制作多种蔬菜。

（供 4 人份）

500 克蔬菜，如西兰花、菜花、萝卜、胡萝卜、龙须菜、红花菜豆、绿豆角等，切成一口大小的块或段，嫩菠菜、羽衣甘蓝、嫩圆白菜叶或甜菜等绿叶子菜则整片叶子原状使用

2.5 汤匙甜白芝麻酱

1. 水开后，将蔬菜放入笼屉，一般蔬菜蒸 5 分钟，或者至脆嫩即可，绿叶子菜则为 3 分钟，或刚刚好叶子发蔫。（或者用微波炉笼屉，微波炉蒸一般蔬菜需 2～3 分钟，绿叶子菜需 1～2 分钟——也可按蒸器笼屉或微波炉使用说明所需时间设定。）立刻将蒸好的蔬菜投入冷水中收紧，避免蔬菜过度烹饪。

2. 沥干，并轻轻挤出叶子中多余的水分。将叶片切成 1 厘米见方的块状，将其置于碗内，浇上芝麻酱拌匀。再加入其他蔬菜时拌匀混合即可。

蒸日本红薯

我在日本长大，日本甜红薯是饮食中如此巨大的一个部分。卖甜红薯的车子会来到我们东京家的左近卖红薯，人们把红薯当成一种冬天下午的例必小食。而我妈妈更经常做的是蒸一大堆红薯，放在厨房外的桌子上让我们大快朵颐。

（供 4 人份）

1 个大的或 2 个中不溜的日本甜红薯（红薯，白瓤的白薯，或一般甘薯均可），大约 1 公斤，不去皮，切成 2 厘米厚大圆块

1. 大号蒸锅煮沸 3 升水，将甜红薯放入笼屉或滤器上，加盖中高火蒸 20 分钟，或直到红薯全熟。用一根木签子刺进红薯瓤：能轻易扎进去并能顺利地一扎到底则是熟了。（要么用微波炉蒸器，盖上盖子拨开排气口，微波炉全火转 3～5 分钟，直至全熟）。趁热吃，或室温食用。蒸熟的红薯应放在密封的塑料袋中，冰箱冷藏可达 3 天之久。

日本烤红薯干

我决定给我儿子来一道比商店里买的或餐馆里提供的炸薯条更好吃、更有营养的小吃。甜薯，特别是日本的各式品种甜薯，可谓蔬菜里拔头筹的冠军——汇聚了种种营养成分——就像我之前解释过的，切成条或是烤着吃，味道都棒极了。我做的时候不削皮，以保留其营养最多的部分——正是介于皮和肉之间的部分——还能让薯条口感更好，更有嚼劲儿，也更实在。

（供 4 ～ 6 人份）

1 个大的或 2 个中不溜的日本甜红薯（红薯，白瓤的白薯，或一般甘薯均可），大约 1 公斤，不去皮

1 汤匙菜籽油，葡萄籽油或特级初榨橄榄油

1. 预热烤箱至 220 度。将红薯切成 5 厘米长、1 厘米宽的长条，然后冷水冲洗，换 2 到 3 次水，直到水质几乎清澈。沥干，用厨房纸巾拭干。

2. 将红薯移到碗中，倒入油晃均匀。将红薯平铺排列在不粘烤盘上，相互之间留出空间。烤 20 分钟，翻面，再烤 15 ～ 20 分钟或直至金黄。将烤盘移到冷却架子上。吃时趁热或冷却至室温。

日本烤红薯

任何时间，任何地点，全能的小吃和配菜。

（供 4 ～ 6 人份）

1. 预热烤箱至 180 度。将红薯放在烤盘上。烤大个红薯需要一个半小时，中等个头的红薯要 1 小时，半熟时翻面。用一根木签子

刺进红薯瓤：能轻易扎进去并能顺利一扎到底则是熟了。立刻切开红薯，使其内里热气散出，以避免红薯烤煳。（要么用微波炉蒸器，盖上盖子拨开排气口，微波炉全火转 6 分钟，直至全熟，或按蒸器笼屉或微波炉使用说明所需时间设定——然后移出微波炉，立刻用锡纸包裹，停 2 分钟。）

炒甜菜根

作为秋季小菜，你可选用鱼，肉，家禽，黄豆和其他蔬菜。甜菜根带着全天然的甜，根本不用再加任何调味品。晚秋时真是一道可爱的小菜呢。

（供 2 人份）

　　1 汤匙菜籽油，葡萄籽油或特级初榨橄榄油

　　3 个小甜菜根，去皮，切成 5 毫米厚圆块

　　1. 加热大炒锅，放油。中高火烹调甜菜根 5 分钟，或直至外部脆爽及所有的汁水从锅内蒸发。将甜菜根移至垫了 2 层滤纸的架子上，沥去油脂。趁热吃。

轻煮蔬菜沙拉，奶油豆腐和鹰嘴豆蘸酱

它是理想的可以用手拿着吃的食物，因为它们对从流食转换到固体食物的宝宝来说吃着足够软。幼儿喜欢吮指，就让他们在这道奶油一般富含蛋白质的菜式中得到无比的乐趣吧。

（供 4 人份）

　　少量冰块

　　1 根胡萝卜，切成 5 厘米长条

1/4 个菜花头，切、撕成带茎的小小朵

1 个红椒，带籽，切条

1 个黄椒，带籽，切条

8 颗豌豆，修整好的

250 克白萝卜，切成 5 厘米条

8 个樱桃番茄

盐

奶油豆腐鹰嘴豆蘸酱，甜芝麻酱调味汁

1. 大碗注满冷水，加入一些冰块和盐，放在一边备用。水开后将胡萝卜放进蒸锅笼屉里，蒸 5 分钟，或至脆嫩。（要么用微波炉蒸器，盖上盖子拨开排气口，微波炉全火转 6 分钟，直至全熟，或按蒸器笼屉或微波炉使用说明所需时间设定——直到脆嫩。）

2. 将胡萝卜投入冰水中是为停止其过度烹饪。移出冰水，用厨房纸巾拭干。如法炮制菜花、甜椒、豌豆和萝卜。吃蒸蔬菜和番茄时用蘸料蘸食。

高汤汤底

高汤，日本烹饪中的汤底，是日本料理的心脏和灵魂。它饱含鲜味——第 5 种味道（另 4 种味道是：甜，酸，咸和苦）。对于太多日本料来说，鱼汤释放出的味道层次多样，独特，温润，让人难忘。神不知鬼不觉地更加增强了其他 4 种味道及其食材本身的原味。

高汤可以经由西式烹饪法制作，比如不加盐的蔬菜、肉类或鱼汤打底，视需要什么样的餐牌以及对你来说什么样的烹调而定。

高汤最好是使用之前现做。当然它可以被储存于冰箱或冷柜里，但是浓香和风味会随着时间而散发掉。

素香菇高汤，汤底——第一高汤

这一道美味可口和充满泥土芳香的蔬菜汤底适宜任何菜式，因此被称为烹饪高汤。

（制作 450 毫升汤底）

10 颗干香菇，洗好

1. 将香菇放在中锅，加入 500 毫升水，水沸腾立刻关火。香菇在水里继续浸泡 15 分钟。

2. 将汤底置于细网格滤网。冲洗香菇，轻轻挤出香菇内多余水分。去除根茎——可用于其他菜式。（见 TIP）可将汤底放入密闭容器，储存于冰箱内可达五天。

TIP：脱水的香菇帽冠（预先泡发过）可以用于多种不同菜式，像汤，炒菜，炖菜和面条汤汁。

鱼和海菜高汤，汤底，头道鱼汤

这是日本料理中用途最广的高汤。第一高汤最适于清汤，就因为它的清澈。它味道香醇，可增强烹饪中的其他食材本身的味道。

（制作 1 升汤底）

1 片海带，10 厘米见方

25 克大鲣鱼片

1. 不要洗或是擦拭掉海带表面上自带的微白色物质，它富含天然矿物质并且给汤头添滋加味。海带置于中号锅，加入 1 升水，加热到几乎沸腾。立刻将海带捞出（留着用于二道鱼汤，如下所述）避免汤汁发苦。

2. 加进鲣鱼片，大火加热至液体沸腾，然后立刻关火，但是让鱼片继续在汤汁中停留2分钟。将高汤倒入辅上滤纸的细网滤器过滤，不要压按鱼片，免得汤头变得混浊和发苦，留存鲣鱼片用于制作二道鱼汤。待冷却后可冰箱冷藏2天（室温下此汤会很快变质）或冰箱冷冻可长达3周。

二道鱼汤

（制作1升鱼汤）

之前在头道鱼汤中用过的海带和鲣鱼片

1. 将制作头道鱼汤时留用的昆布连同鲣鱼片，加入1升冷水，煮沸。减至小火煮10分钟。将高汤倒入铺上滤纸的细网滤器过滤，丢弃固体内容物，冷却后可存于冰箱2天。

即食高汤

你可以在日本店里买到日本料理所需的即食高汤，作为便捷的高汤替代品。即食高汤是以干的调味料块或颗粒状的形式出现的。请仔细阅读包装标签上的说明，确保高汤无盐添加、无味精添加（MSG）或其他人工元素。每一种形式和品牌均因熬制和用途各异，所以请一定阅读包装上的说明。

沙拉酱汁，蘸料汁和调味汁

此调味汁可谓必备品：美味的即时调味撒手锏。事先做好并可存贮于冰箱里一周时间。

（制作 750 毫升调味汁）

1 片 10 厘米见方的海带

500 毫升低盐酱油

250 毫升米林料理酒

2 汤匙糖

25 克大鲣鱼片

1. 将海带置于中号锅，加入酱油，中火加热。加入米林料理酒和糖。轻轻搅动食材，使糖充分溶解。加热到差不多沸腾时，立刻关火，捞出昆布。

2. 加入鲣鱼，大火加热至沸腾，然后立刻关火，让鱼片继续在汤中停留 2 分钟。将高汤倒入铺上滤纸的细网滤器过滤，不要压按鱼片，免得汤头变得混浊、发苦。

芝麻油沙拉调味汁

这一具坚果感、浓香袭人、酸度又低的调味汁，吃上去带着些甜头，既温和又好吃，很受孩子欢迎。可为每日沙拉打开更多精致又有趣的味觉维度。

（制作 100 毫升调味汁）

3 汤匙米醋

半个红洋葱，切碎

1 茶匙红糖

1 汤匙烘焙芝麻

海盐和现磨黑胡椒

1. 在小碗里用打蛋器将醋、红洋葱和红糖搅拌均匀，直到糖溶解。再将芝麻油和一大撮盐和一些黑胡椒搅匀。

传统日本料理中的甜醋调味汁

这是一种日本料理中最基础又万能的醋料理汁，雅致迷人又精细美妙。用于沙拉，稍稍蒸一下的蔬菜，烧烤，蒸海鲜及匹配肉类菜肴上，完美！

（制作250毫升甜醋调味汁）

125毫升陈醋

2.5汤匙米林酒

125毫升鱼汤（头道，二道鱼汤均可）

1. 在小锅中将醋与米林酒混合，加入鱼汤。中火加热至差不多沸腾，然后关火，室温冷却。可冷藏于冰箱1周。

奶油豆腐和鹰嘴豆蘸料酱

孩子们就是喜欢拿手蘸着吃的食物。给他们五颜六色稍稍清蒸过的蔬菜条，让他们由着自己的性子随便拿着去蘸这种酱吃吧，任由他们吃了吮手指吧！它是孩子们生日派对和玩耍日极好的小吃。

（制作约225克蘸料酱）

100克罐头装鹰嘴豆，沥去水分，冲洗干净

85克绢豆腐

1汤匙柠檬汁

4茶匙特级初榨橄榄油

1. 将所有食材置于食品料理机或者搅拌机内，搅拌至糊状。即

可食用，储藏此调味酱应将其放在密闭封口容器内，可放冰箱冷藏两天。配手指饼或清蒸蔬菜沙拉食用。

烘焙及现磨亚麻籽

全能型富含欧米茄-3，坚果和浓郁香气的调味品，与任何菜肴搭配都合适。你也可以往烘烤面粉里加上一些亚麻籽。亚麻籽很容易烘烤，但若你喜欢，也可以去店里买现成的。

40 克亚麻籽

1. 将亚麻籽放进干燥炒锅里，小火加热。旋转或翻炒，略微将锅子抬离炉灶并旋转，为的是使亚麻籽可以被烘焙均匀。持续晃动或者搅拌 10 分钟，或直至亚麻籽颜色变为黄褐色，发出油光。

2. 用小磨碾磨烤过的亚麻籽，或用研钵和研杵。置于密闭容器内冰箱冷藏，可保存 1 个月。也可以现吃现烤现磨，口感会更鲜美。

烘焙及现磨白芝麻

这种甜白芝麻酱油调味汁，是健康、全效、香味逼人的调味品，适用于面条，炒菜，沙拉和各种豆腐料理。在家里也很容易烘焙及研磨芝麻粒，并且效果更佳，你也可以为了方便去店里买现成的。

40 克白芝麻粒

1. 将芝麻粒置于干燥炒锅中，低火加热。旋转或翻炒，略微将锅子抬离炉灶并旋转，为的是使亚麻籽可以被烘焙均匀。持续晃动或者搅拌 10 分钟，或直至亚麻籽颜色变为黄褐色，发出油光。

2. 用小磨碾磨烤过的芝麻，或用研钵和研杵。置于密闭容器内冰箱冷藏，可保存 1 个月。也可以现吃现烤现磨，口感会更鲜美。

甜白芝麻酱油酱

这种调味酱多用于水焯或清蒸菠菜。散发浓郁的坚果酱香并且会让蔬菜因为有它而更加美味，实为儿童适宜的美食调味料。参见之前的实例菜谱"嫩蔬菜甜芝麻酱"。

（制作 200 毫升酱料）

40 克烘焙及现磨白芝麻（参见以上）

1.5 茶匙低盐酱油

1.5 茶匙糖

一小撮盐

1. 把以上所有食材都放在一个小碗中，搅拌均匀。

甜味噌酱

这一浓郁香甜的蘸料与以下食材特别相得益彰：蔬菜，豆腐，海鲜，肉类。参见之前食谱"甜味噌烩茄子红椒"（186 页）。

（制作 2 汤匙）

2 汤匙鱼汤

2 汤匙低盐红味噌

2 茶匙糖

1. 将上述食材都放在一个小碗中，搅拌均匀。

全功能番茄蔬菜调味汁

准备足量日本红薯，南瓜，大豆和番茄汤，搅拌一部分，再将其倒入制冰盒中，用保鲜膜罩上冷冻。低幼儿童吃比萨和意大利面时可取用这种酱汁冰块。这比商店里买的番茄酱底调味汁更靠谱也更营养。事先把它准备好，等到你赶时间煮东西的时候就用得上了。

（制作 300 毫升调味汁）

300 毫升日本甜薯、南瓜、大豆和番茄汤

1. 将汤倒进绞碎机或食品料理机，绞成糊状，再倒进制冰盒里。盖上保鲜膜冷冻，可保存 1 个月。

绿叶蔬菜冰块

用这些蔬菜冰块可提高小吃和正餐中的蔬菜摄取量，特别是对勉为其难吃吃蔬菜的孩子来说尤为重要。参见之前菜谱。

（制作 500 毫升）

300 克冷冻菠菜或芥蓝

几滴柠檬汁

150 克冻胡萝卜

1 汤匙研磨好的亚麻籽

1. 将原料和 125 毫升水倒进绞碎机或食品料理机，绞成糊状，再倒进制冰盒里。盖上保鲜膜冷冻，可保存 1 个月。

烘焙和小吃

奇亚籽和巧克力曲奇

将奇亚籽添加进一道菜，是提高有益心脏健康的 Omega-3 脂肪酸摄入量，和其他营养素如纤维——而且它还独具美味的质感——的一个美妙且超级便捷的方式。制作曲奇饼，我喜欢用黄豆粉——烤大豆粉——这在传统的日本点心中经常使用。它有一个朴实、带有烘烤香的风味，富含蛋白质。其他秘密成分则是水果和绿叶蔬菜中的天然甘甜和营养物质。这个配方是不含鸡蛋的，因为有时候我得准备一些没有鸡蛋的小吃，让儿子带到学校去。曾经就有他的一个同学对鸡蛋过敏。有时候，直到我开始做上饭了，我才意识到没有鸡蛋呢。随心即兴之作却让烹饪变得更加有趣！

（约 48 个迷你曲奇）

40 克面粉

35 克全麦面粉

37 克黄豆粉 / 烤大豆粉

1/4 茶匙小苏打粉

1.5 茶匙奇亚籽

100 毫升（3.5 液体盎司）橄榄油

50 克红糖

50 克砂糖

半茶匙盐

1 茶匙香草精

半个成熟香蕉，捣碎

1 汤匙磨碎的苹果，或现成的苹果酱

1 块绿叶蔬菜冰块，解冻

半茶匙葛（日本葛根），或马铃薯

半茶匙水淀粉

70 克牛奶巧克力

1. 烤箱预热至 190 °C。烤盘用烘烤羊皮纸或不粘硅烘烤垫排两行。将面粉和小苏打放入碗中并加入奇亚籽，将它们搅拌均匀。

2. 在一个大碗里放油，糖，盐和香草精，并使用手持式或直立式搅拌机，或一个大橡皮刮刀，以中低速搅拌 30 秒，或直到完全混合在一起为止。加入香蕉、苹果和蔬菜，再搅拌 1 分钟直到混合物成糊状。

3. 慢慢拌入面粉糊，中间暂停一次或两次，轻轻用刮刀抹去碗边流下来的液体，直到它们混合均匀。慢慢加入葛根水，速度缓慢。拌入巧克力颗粒，搅拌，直至所有成分混合均匀。

4. 舀出一半面团，卷成球，并把 24 个球置于烤盘内，烤 10 ～ 12 分钟，中途翻面，直到饼干烤至金黄色。冷却 8 分钟，然后饼干移到金属架上冷却至室温。按此步骤重复，将剩余的面团完成。

糙米和黄豆粉玛芬小松饼

我的家人都特爱吃迷你玛芬小松饼。我一次会烤一批，然后再冻上。小松饼是完美的快捷早餐，也是两餐之间饥饿的终结者。玛芬小松饼已经成为所有有小孩的朋友间的大热门了。而最重要的是，我儿子就是这么吃蔬菜的。

（制作 24 个玛芬迷你松饼）

240 克无盐黄油或 240 毫升油菜籽油或特级初榨橄榄油

海盐少许

3 个大鸡蛋

3 块绿叶蔬菜冰块（第 199 页），解冻

2 茶匙香草精

200 克砂糖或 185 毫升琥珀龙舌兰

65 克糙米粉

30 克黄豆粉 / 烤大豆粉

130 克全麦面粉

1. 烤箱预热至 160℃，给 24 个松饼烤杯轻轻涂油脂。

2. 将黄油或油倒在一个大碗里，撒上盐，放在一边。把鸡蛋打在一个小碗里，与解冻蔬菜冰和香草精混合。放在一边备用。

3. 如果用黄油，则用手持式或直立式搅拌机，或大橡皮刮刀搅拌，直至成奶油。慢慢加糖到黄油 / 或油中，一边加糖一边搅拌，直至奶油成蓬松的糊状。

4. 慢慢加入蛋液，边打边搅，偶尔刮一刮碗内部。分 3 批往里筛面粉，并使用橡皮刮刀刮均匀。

5. 将面粉糊倒入准备好的烤松饼杯，烤 20 ～ 30 分钟，或直至边缘金黄酥脆。使用鸡尾酒棒或串签测试。如果它拔出来时很干净，那就意味着小松饼完成了。如果没有，则要再烤 5 ～ 10 分钟。在金属架上冷却 15 分钟，出烤盘，让其在金属架上彻底冷却。吃时以茶或牛奶配食。

水果蔬菜冰沙

　　相比从商店买来的奶昔、雪泥或冰激凌，自制的水果蔬菜冰沙要好吃得多，而且更营养。这其中的奥秘就在于自家做的冰沙有这两样东西：绿叶蔬菜和亚麻籽，且无人工香料无糖。水果的甜味让绿叶菜味没那么明显。孩子在户外玩耍，运动和游泳之后，冰沙是最让人开心的美味。当然对十几岁的孩子和大人来说，忙碌的清晨喝上一杯会让你瞬间睡意全无；炎炎夏日，胃口不好的时候还可以作为开胃品。要想做出冰沙醇厚、泥状的口感，速冻水果作为原料是最快最容易的了。我一般用从商店买来的速冻桃子、草莓和杧果，既经济又方便，当然如果买不到各式各样的水果，你也可以把当季的水果冻起来，然后切片作为原料。还有，我也会用不同种类的牛奶让口味变得不一样。因为豆浆微甜和丝质的口感，我也特别喜欢使用它。如果喂食的对象是5岁以下的孩子，需用全脂牛奶。做450毫升冰沙，需以下原料：

　　1个熟香蕉，去皮

　　几滴柠檬汁

　　250克速冻桃，或选用新鲜的桃，先急冻然后再去皮

　　1小把冷冻切碎的菠菜或甘蓝

　　1/3个冷冻或新鲜的胡萝卜

　　125毫升全脂牛奶或豆浆

　　1汤匙亚麻籽（仁）油粕

把香蕉放入搅拌机或食物料理机搅拌成泥，加入柠檬汁和其余

原料，再次搅拌。用广口玻璃容器，杯子或碗盛上，加把勺子就可以享用了。

快捷小零食和茶

以下是一些简单且孩子喜欢的零食，试一试吧：

· 毛豆75克，冷冻去壳在沸水中煮5分钟，或煮到又嫩又脆即可，然后用滤盆把水分滤干（或者，用微波安全碗盛上冻毛豆在微波炉里转1～2分钟，或根据使用说明，转至脆嫩即可）。

· 罐装鹰嘴豆和生嫩豌豆清水洗净。

· 香蕉切片铺在薄薄的烤杂粮 / 全麦面包上，5岁以下儿童就选白面包。

· 奶酪片（如轻度切达奶酪、硬质马苏里拉奶酪），苹果切片，蘸一下柠檬汁，拭干，这样苹果片就不会褪色。

· 新鲜时令水果几乎全年都有，最方便且味道又棒，比如：草莓、覆盆子、樱桃、桃、油桃、李子、葡萄、香蕉、西瓜、杧果，还有很多很多。

不含咖啡因、不加糖的大麦茶

冰镇大麦茶：把一包大麦茶茶包放入1升冷水中，放入冰箱的冰室冷藏2个小时，或根据包装上的说明操作。

热大麦茶：把一包大麦茶茶包放入1.5升沸水中，泡3～5分钟，或根据包装上的说明操作。

5.
健康饮食的灵感

　　日本饮食与世界各地的传统饮食有着许多相似之处，即对代代相传饮食模式的褒奖。现如今的英国，其饮食模式已经脱离了原来的传统，这极有可能是引起各类慢性疾病的主要原因。我们应该向那些能保留传统饮食模式的国家学习。

　　食品和营养教育组织"Oldways"的宗旨在于借由传统来引领人们走向健康，Oldways网站www.oldwayspt.org也包括好几个健康饮食"食物金字塔"的有用信息，这些信息显示，在全球范围内，诸如地中海和亚洲国家对不同食物的不同摄取量。

　　Oldways"亚洲饮食金字塔"是由Oldways与哈佛大学公共卫生学院联合开发的。此金字塔出自研究营养、健康及环境模式的康奈尔—中国—牛津项目。通常，亚洲许多国家的传统饮食与其宗教习俗及历史风俗习惯密切相关，这些国家对饮食习惯的记载是烹饪灵感及完美信息的来源。

　　从地域上划分，亚洲饮食包括如下国家：日本、中国、印度尼西亚、马来西亚、韩国、新加坡、泰国和越南。尽管每个国家和地区均有其独特的口味和烹饪风格，可它们都有一个共同点：食用大米。当然，各个国家在大米的准备及吃的方式上稍有不同。作为赖以生存的主食，特别是在饥荒时期，大米在亚洲社会中享有几乎神一样的地位，虽吃法不同，却是各式膳食中的灵魂元素。亚洲饮食文化基本都以白米为基础，不过卫生当局还是敦促我们要选择更多营养丰富如糙米类的全谷物。

传统亚洲饮食的另一个共同特点就是植物性食物的高摄入——包括蔬菜、水果和豆类（豌豆、蚕豆和小扁豆）。当亚洲人开始放弃传统食物去接受西方饮食习惯之时，就是他们的健康走下坡路之际。

不管是选择你所熟悉的蔬菜、水果、谷物并加入亚洲香料进行烹饪，还是从亚洲市场买来不太熟悉的食材做个尝试，只要有兴趣在你的饮食中加入更多的亚洲视角，一定会有很多美味供您选择的。

记住，无论你的家人喜欢什么样的饮食模式，食物的多样化是很关键的，这点对我们的孩子来说尤其重要，只有做到健康食物、健康搭配，我们的孩子就能得到身心两方面健康的成长。

附录一

专家意见：幼年基础阶段

琳恩·伯奇

威廉·比尔·弗拉特：佐治亚大学营养系教授，儿童健康饮食
权威

此书中有关养育健康小孩的 7 个秘密方面的建议都特别棒，给家
长提供了该做什么和不该做什么的引导，这种积极的口吻值得鼓励。

孩子由幼年过渡到成年这一段时间，相关的饮食科学文献被极大
地忽略了。我认为，到了成年那个阶段，许多饮食模式已经建立了。

当然那些模式也并非不能改变，只是建立新的模式比改变老的
要容易。

有几条该做及不该做的建议，比如：需对儿童接触含糖饮料加
以限制，这其中包括果汁；不要使用食物来控制孩子的行为，包括
用食物安慰非饥饿产生的不适。此处所谓的"该做"是指要学会分
辨饥饿及其他种类的不适，同时使用正确的抚慰方法来应对非饥饿
产生的不适，并进一步学会识别孩子已经吃饱了的信号，从而采取

相应的应对方法。举例来说，新生儿父母可使用如下办法来安抚不饿但不舒服的小宝宝——把孩子包在襁褓中、来点背景噪音、轻轻摇晃、非营养性吸吮（使用奶嘴）。我们自己的研究也表明以下行为会造成体重的过度增加：用食物来安慰孩子；过度喂养（因为不能分辨饥饿与其他不适，或不能识别孩子已经吃饱的信号）。体重的增加会成为日后肥胖的风险因素，这也是提倡母乳喂养的另外一个原理所在。母乳喂养很难出现过度喂食的问题，因为婴儿在整个过程中扮演一个积极的角色。相比之下人工奶瓶喂养就很容易过量，不管瓶子里装的是配方奶、母乳还是其他诸如果汁类的东西，都存在这个问题。

最后一点，学习享受各种各样的健康食品也需从小做起——费城化学感官中心的生物心理学家朱莉奈·莫奈以及我们自己的研究都表明新生儿完全可以接受并喜欢大人提供的食物及其味道，渐渐也能学会喜欢吃当地的食物。如果妈妈进行母乳喂养，新生儿就会从乳汁中开始熟悉当地食物的各种味道。

许多名堂通常都蕴藏在细节中：除了甜或咸的味道之外，小孩子通常都有"新奇恐惧症"，对第一次见到的食物和味道都比较抗拒，这正是鼓励孩子吃健康食物的一大挑战。"鲜味"这种东西对孩子来说还暂时无法享受。

父母需要明白，孩子最开始的拒绝并不意味着孩子永远都不会接受这种食物。父母应该坚持尝试，但不要强加，新的食物可以让孩子从小小的分量尝起。

运用这种方法，很多全新的食物都会被孩子接受并喜欢，敏感且善于沟通的父母在促成此事当中举足轻重。

附录二

专家意见：做孩子的榜样

安诺普·米斯拉：Fortis 糖尿病中心代谢与内分泌科主席（Fortis-C-DOC Centre of Excellence for Diabetes）；国家糖尿病、肥胖症、胆固醇基金会（N-DOC）主席；糖尿病及代谢性疾病、糖尿病基金会（印度）主管（DFI）

希玛·古拉蒂：营养研究组，营养与代谢研究中心（C-NET），国家糖尿病、肥胖和胆固醇基金会主管（N-DOC）；糖尿病基金会（印度）项目总监

过度严格只会增加孩子对垃圾食品的渴望。柔性约束效果会更好，因为这种方式可以教会孩子们终生受用的自律性。

家庭成员一起参与一些活动是很重要的，如一起散步，一起玩一些体育运动，游泳、跳舞或任何一样松筋动骨的活动。这些活动不仅能加强家庭纽带，还能带动孩子和家长继续保持互动。

正如我们所看到的，以家庭为中心的进餐方式与孩子养成更加健康的饮食习惯有关联。通常，喂养氛围及与食物相关的习惯都是

由母亲决定的，孩子自我调节进食量的能力也会受母亲的影响。

父母应该成为孩子的榜样。如果父母都非常享受油炸食品及含糖饮料，那么希望自己的孩子吃得健康也是不现实的。家庭环境和饮食习惯在孩子对食物的选择上面起着重要的作用。最近我们的一项研究观察到母亲膳食摄入量与子女之间有着很高的重叠度。（古拉蒂，米斯拉，科利斯，空道尔，古普塔，戈亚尔所著《膳食摄入量及家族超重或肥胖之间的关联：印度四城市的研究》，2013 年 7 月《营养与代谢纪事》。）

最近的研究表明，母亲的食物选择模式与孩子的模式存在着极高的重叠。也有报道称同一家庭食物和营养摄入量之间存在相似性。在塑造孩子吃什么样的食物以及吃多少上，作为食品的采购员及准备人员，父母扮演了非常重要的角色。调查研究显示，父母负面的表率作用、不太权威的教养方式、很少一起吃饭的家庭与不断攀升的儿童体重指数（BMI）有脱不了的关系。

对所有家庭成员来说，保持健康的体重很重要。通过改善食物选择，增加体育活动，减少电视电脑娱乐时间，这一目标就能够得以实现。

附录三

婴幼儿喂养指南

这本书的对象侧重于 5 至 12 岁的孩子。针对婴儿及幼儿，世界卫生组织有如下规定：母乳在新生儿出生 1 小时以内开始喂养；头 6 个月需纯母乳喂养；6 个月后可引入营养适当并安全的辅食（固体食物）；坚持母乳喂养至 2 岁甚至更大；辅食应富含营养，喂养量适中。到孩子 6 个月，看护人应逐步加入新的食物种类，伴随着孩子的成长，再随之加量；年幼的孩子应常常摄入多种多样的食物，包括：肉类、家禽、鱼或鸡蛋。婴儿食品应该单独准备或对家庭餐食进行修改；高脂肪、高糖及高盐辅食应避免。（世界卫生组织，2014 年 10 月。）

婴幼儿需要多少盐？

婴幼儿饮食只需非常少量的盐，因为买到的很多食物中都加了盐（面包、烤豆子、甚至饼干），所以很容易摄取过量。

婴幼儿最大摄取盐量为：

0 至 12 个月：一天的盐摄入量少于 1 克（钠少于 0.4 克）

1 至 3 岁：一天的盐摄入量 2 克（钠 0.8 克）

4 至 6 岁：一天的盐摄入量 3 克（钠 1.2 克）

7 至 10 岁：一天的盐摄入量 5 克（钠 2 克）

11 岁及以上：一天的盐摄入量 6 克（钠 2.4 克）

母乳喂养的婴儿从母乳中获得的盐分是适度的，婴儿配方奶也含有类似数量的盐。

当开始引入固体食物时，记住不要往宝宝的食物中加盐，因为他们的肾脏还不能负担。还应该避免给你的宝宝吃现成的食品，比如早餐谷类食品，因这些食品不是专门为婴儿生产的，所以可能含盐过高。

儿童食品也可能高盐，所以在购买前检查食品的营养信息很重要。盐的含量通常以钠的含量标记出来。粗略是这样估计的：每 100 克食物如果含超过 0.6 克的钠就为高盐。你可以算出食物的含盐量（钠含量 ×2.5）。比如，100 克食物含钠 1 克等同于 100 克食物含盐 2.5 克。

避免吃咸的零食（如薯片、饼干），这样就能减少孩子的盐摄入量，取而代之的是低盐的零食。比如干果、生蔬菜条和切碎的水果，变换花样。

纤　维

正如在秘密一中提到，NHS 建议，5 岁以下儿童不应摄入全麦食物，如意大利面、全麦面包、糙米饭，因为此类食物特别容易让人饱，这样的话肚子就没有空间接受更富营养的食品。全麦食品可在 5 岁以后逐步引入。当然，富含纤维的蔬菜水果还是应该推荐给五岁以下的儿童。详细信息请参阅：http://www.nhs.uk/conditions/pregnancy-andbaby/pages/baby-food-questions.aspx#close。

体重和体重指数

检查你孩子体重是否属于健康范围，请参阅：http://www.nhs.uk/Tools/Pages/Healthyweightcalculator.aspx。